洪錦魁簡介

一位跨越電腦作業系統與科技時代的電腦專家，著作等身的作家。

❑ DOS 時代他的代表作品是 IBM PC 組合語言、C、C++、Pascal、資料結構。

❑ Windows 時代他的代表作品是 Windows Programming 使用 C、Visual Basic。

❑ Internet 時代他的代表作品是網頁設計使用 HTML。

❑ 大數據時代他的代表作品是 R 語言邁向 Big Data 之路。

❑ AI 時代他的代表作品是機器學習 Python 實作。

❑ 通用 AI 時代，國內第 1 本「ChatGPT + 機器人程式設計」作品的作者。

作品曾被翻譯為簡體中文、馬來西亞文，英文，近年來作品則是在北京清華大學和台灣深智同步發行：

  1：C、Java、Python、C#、R 最強入門邁向頂尖高手之路王者歸來

  2：OpenCV 影像創意邁向 AI 視覺王者歸來

  3：Python 網路爬蟲：大數據擷取、清洗、儲存與分析王者歸來

  4：演算法邏輯思維 + Python 程式實作王者歸來

  5：Python 從 2D 到 3D 資料視覺化

  6：網頁設計 HTML+CSS+JavaScript+jQuery+Bootstrap+Google Maps 王者歸來

  7：機器學習基礎數學、微積分、真實數據、專題 Python 實作王者歸來

  8：Excel 完整學習、Excel 函數庫、Excel VBA 應用王者歸來

  9：Python 操作 Excel 最強入門邁向辦公室自動化之路王者歸來

 10：Power BI 最強入門 – AI 視覺化 + 智慧決策 + 雲端分享王者歸來

他的多本著作皆曾登上天瓏、博客來、Momo 電腦書類，不同時期暢銷排行榜第 1 名，他的著作特色是，所有程式語法或是功能解說會依特性分類，同時以實用的程式範例做說明，不賣弄學問，讓整本書淺顯易懂，讀者可以由他的著作事半功倍輕鬆掌握相關知識。

Bing Chat 與 Copilot
邁向文字、視覺、繪圖、語音、程式的 AI 體驗
王者歸來

序

在這個數位化、資訊爆炸的時代，人工智慧已經成為我們生活中不可或缺的一部分。從文字、視覺、語音到程式設計，AI 的應用已經深入到我們日常生活的每一個角落。本書特別著重於 Bing Chat 和 Copilot，兩個在 AI 領域中具有代表性的技術，透過深入淺出的方式，帶領讀者探索 AI 如何改變我們的溝通方式、如何增強我們的視覺體驗、如何讓語音互動更加自然，以及如何協助我們更有效地編寫程式。

希望透過本書，讀者能夠更加了解 AI 的魅力，並體會到其在現代社會中的重要性。讓我們一同踏上這趟 AI 的探索之旅，見證技術如何為我們的生活帶來革命性的改變。

無論您是學生、教師、員工、企業家，還是對 AI 充滿好奇的一般讀者，本書都會為您提供實用的指南和建議。透過本書，您不僅可以了解如何有效地使用這些工具，還可以發掘它們在不同領域的潛在價值。研讀本書，讀者可以獲得下列多方面的知識：

❑ **深度認識 Bing Chat**
- 登入和登出 Bing Chat
- 認識聊天界面
- 選擇交談模式
- Bing Chat 聊天特色

❑ **Bing App**
- 手機 Bing Chat 對話
- Bing App 與 GPT-4 切換

❑ **Copilot 功能探索**
- 產生頁面摘要
- 深入分析頁面資訊
- 翻譯與摘要國外新聞

- 依情境產生草稿
- 依據書籍名稱生成摘要與心得
- 生成影像

❏ AI 繪圖

- 聊天生成影像
- Bing Image Creator 生成影像
- 影像分享與搜尋
- 生成不同風格的影像
- 依據彩畫素材、攝影鏡頭、畫面角度生成影像

❏ AI 視覺

- 用視覺執行數學運算
- 識別各類影像
- 用視覺創作七言絕句
- 圖片的比較

❏ 生活應用

- 國外語言學習
- 交友顧問
- 文藝創作

❏ 教育應用

- Bing Chat 是你的活字典
- 協助摘要、心得、報告、專題撰寫
- 依據程度學習體驗
- 教師講義、問卷、考試題目

❏ 企業應用

- 貼文格式、銷售建議
- 行銷文案與活動
- 拍攝行銷活動的腳本設計
- 面試者與面試官
- 企業公告
- 加薪與企業談判議題
- 提升 Excel 的工作效率到輔助工作分析

❑ 程式設計

● 輔助 Python 學習
● 重構你的程式
● 重寫程式
● 閱讀程式錯誤訊息，協助除錯 (Debug)
● 為程式加上註解
● C、Java 與 Python 程式語言的切換

在此要感謝給予我寶貴意見的讀者，希望本書能夠成為您 AI 應用之旅的良師益友。寫過許多的電腦書著作，本書沿襲筆者著作的特色，實例豐富，相信讀者只要遵循本書內容必定可以在最短時間認識相關軟體，創新體驗文字、視覺、繪圖、語音、程式的 AI 世界。編著本書雖力求完美，但是學經歷不足，謬誤難免，尚祈讀者不吝指正。

洪錦魁 2023/11/05
jiinkwei@me.com

讀者資源說明

本書籍的實例或作品可以在深智公司網站下載。

臉書粉絲團

歡迎加入：王者歸來電腦專業圖書系列

歡迎加入：iCoding 程式語言讀書會 (Python, Java, C, C++, C#, JavaScript, 大數據,人工智慧等不限)，讀者可以不定期獲得本書籍和作者相關訊息。

歡迎加入：穩健精實 AI 技術手作坊

目錄

第 1 章　認識 Bing Chat AI

第 2 章　Bing App - 手機也能用 Bing Chat

第 3 章　摘要與翻譯網址內容

第 4 章　Copilot 功能探索

第 5 章　AI 繪圖 – 聊天生成圖片

第 6 章　AI 繪圖 – Bing Image Creator

第 7 章　語音 / 圖像 /AI 搜尋

第 8 章　AI 視覺

第 9 章　文藝創作與戀愛顧問

第 10 章　學習與應用多國語言

第 11 章　簡報製作

第 12 章　生活應用

第 13 章　Bing Chat 在教育上的應用

第 14 章　Bing Chat 在企業的應用

第 15 章　提升 Excel 效率到數據分析

第 16 章　Bing Chat 輔助 Python 程式設計

第 1 章
認識 Bing Chat AI

　　Bing 是 Microsoft 推出的網路搜尋引擎，不僅提供傳統的網頁搜尋，還結合了 AI 技術，推出了多種功能。

　　Bing Chat AI 是 Microsoft Bing 搜尋引擎中的一個創新功能，不再侷限搜尋功能。2023 年 1 月開始結合 OpenAI 公司的 ChatGPT 廣泛測試，目前全面開放用戶使用，2023 年 10 月更悄悄的整合 Copilot 到 Edge 瀏覽器的右側視窗，未來第 4 章會做更完整解說 Copilot。它利用先進的 AI 技術為用戶提供對話式的搜尋、聊天或其他 AI 功能的智慧體驗。透過 Bing Chat AI，用戶可以與搜尋引擎進行互動式的對話，提出問題、獲得詳細答案或進行複雜的數學計算。此外，Bing Chat 不僅限於文字對話，還支援語音輸入、圖像輸入與生成影像，使得搜尋與 AI 互動過程更加直觀和便捷。這項功能結合了人工智慧和機器學習，旨在提供用戶更加個性化和智慧科技的運用。

　　Bing Chat AI 是一個完整的稱呼，有時候我們也可以簡稱「Bing Chat」、「Bing AI」或是直接稱「Bing」。

註1 本書內容或是網路上看到「Bing」名詞，已經不是指多年前的搜尋引擎，而是指「Bing Chat AI」。

註2 Bing 在大陸稱「必應」，所以有時 Bing 在回應我們時，出現「必應」指的就是「Bing」。

1-1　Bing Chat 功能

以下是 Bing Chat 的功能：

1. 搜尋任何內容：不論問題是簡短還是長篇，具體還是模糊，都可以提問。然後在聊天中進行後續跟進。

2. 更快地找到答案：獲取摘要、進行比較、請求個性化的解釋。

3. 啟動您的創造力：只需一個提示，就可以編寫電子郵件、詩歌、餐飲計劃等，您甚至可以創建圖像。

4. Microsoft Edge 是新 Bing 體驗的最佳瀏覽器：Microsoft Edge 瀏覽器與新版 Bing、Copilot 一起到來。您可以詢問複雜的問題，獲得全面的答案，總結頁面上的資訊，深入研究引文，並開始編寫草稿。所有這些都可以在瀏覽時並排進行，無需在選項卡之間切換或離開瀏覽器。只需點擊側邊欄中的 Copilot 圖示 。

5. 隨身攜帶 Bing：Bing 的 APP 已經上市，將 Bing App 安裝在手機內，您可以隨時隨地搜尋和與 Bing 聊天。您可以向 Bing 詢問任何問題，從小問題到創建圖像。就像一個朋友，Bing 會為您提供快速且有用的答案，並提供下一步的建議。您甚至可以使用語音進行搜尋或聊天，您的歷史記錄和偏好將在所有設備上同步。

此外，Bing 還提供了一系列的 [常見問題解答] 可以參考下列網站

https://www.microsoft.com/en-us/bing/do-more-with-ai?form=MA13FV

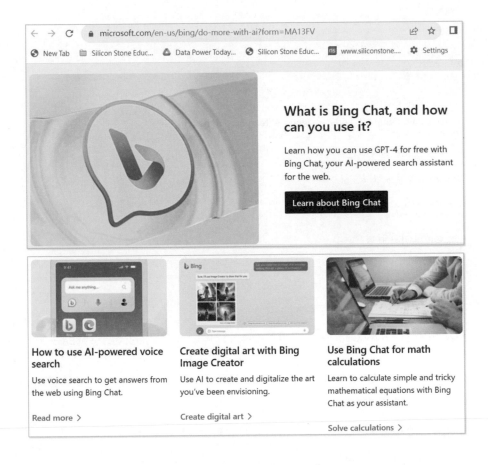

Enhance online research with AI

See how Bing's AI-powered features make online research faster and easier.

Read more >

How to search with an image

Search the web with an image using Bing's AI-powered assistant.

Use Visual Search >

Plan the perfect trip itinerary using Bing AI

Save time planning your next trip with Bing's AI-powered tools.

See the world >

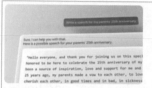

What is Bing Compose, and what does it do?

Generate content, improve your writing, and get creative ideas with AI-powered Bing Compose.

Learn how to use Compose >

Bing's AI features and how to use them

Experience the internet in a whole new way with Bing's AI-powered features.

Learn more >

上述網站說明如下：

❑ What is Bing Chat, and how can you use it?

什麼是 Bing Chat，以及如何使用它？

了解如何透過 Bing Chat 免費使用 GPT-4，它是您 AI 驅動的網路搜索助手。

❑ How to use AI-powered voice search

如何使用 AI 驅動的語音搜尋

使用語音搜尋透過 Bing Chat 從網路上獲取答案。

❑ Create digital art with Bing Image Creator

使用 Bing 圖像創建器創建數字藝術

使用 AI 來創建和數位化您所構想的藝術。

❏　Use Bing Chat for math calculations

使用 Bing Chat 進行數學計算

學習使用 Bing Chat 作為您的助手來計算簡單和複雜的數學方程式。

❏　Enhance online research with AI

使用 AI 增強線上研究

看看 Bing 的 AI 驅動功能如何使線上研究更快速和更容易。

❏　How to search with an image

如何使用圖片進行搜尋

使用 Bing 的 AI 驅動助手用圖片搜尋網路。

❏　Plan the perfect trip itinerary using Bing AI

使用 Bing AI 計劃完美的旅行行程

使用 Bing 的 AI 驅動工具節省您下次旅行的計劃時間。

❏　What is Bing Compose, and what does it do?

什麼是 Bing Compose，它有什麼功能？

使用 AI 驅動的 Bing Compose 生成內容、改善您的寫作和獲得創意想法，細節可以參考 4-6 節。

❏　Bing's AI features and how to use them

Bing 的 AI 功能以及如何使用它們

透過 Bing 的 AI 驅動功能以全新的方式體驗網際網路。

1-2 Bing Chat 與 ChatGPT 的差異

　　Bing Chat 和 ChatGPT 都是基於先進的 AI 技術的對話式助理，但它們有以下主要差異：

1.　來源和開發者：

- Bing Chat：由 Microsoft 開發，作為其 Bing 搜尋引擎的一部分。
- ChatGPT：由 OpenAI 開發，是生成式預訓練轉換器 (Generative Pre-trained Transformer，簡稱 GPT) 系列模型的一部分,。

2.　主要功能：

- Bing Chat：主要集中在提供對話、搜尋、影像生成等相關的答案和資訊，並結合了 Microsoft 的其他服務和技術。
- ChatGPT：是一個通用的本文生成模型，可以用於多種應用，包括對話、本文生成、翻譯… 等。

3.　訓練數據和方法：

- Bing Chat：雖然具體的訓練數據和方法未公開，但可能結合了搜尋查詢數據和其他 Microsoft 產品的數據。
- ChatGPT：使用了大量的本文數據進行訓練，並使用 Transformer 架構。

4.　整合和應用：

- Bing Chat：主要整合在 Bing 搜尋引擎中，並與其他 Microsoft 產品和服務相互作用。
- ChatGPT：可以獨立運作，也可以整合到各種應用和平台中使用。

總之，雖然 Bing Chat 和 ChatGPT 都是 AI 驅動的對話助理，但它們的開發背景、功能和應用範疇有所不同。

1-3　進入 Bing Chat 的環境

1-3-1　訪客進入 Bing Chat

早期 Bing Chat 是 Microsoft 最新瀏覽器 Edge 專屬功能，目前也開放給其他瀏覽器使用。例如：Chrome 或是 Safari 瀏覽器，使用方式是先輸入「Bing」搜尋，可以參考下方左圖。註：下列是以 Chrome 瀏覽器為實例。

可以看到搜尋結果，可以參考上方右圖，然後點選 Bing 超連結，就可以進入 Bing 環境。

從上述看到可以用訪客身份或是帳號身份進入 Bing Chat 環境，上述如果沒有點選登入 登入 8 ，直接點選 ● 聊天 或是 Bing 圖示 b 登入 Bing Chat，就是稱訪客身份登入。當不是使用 Edge 瀏覽器，進入 Bing Chat 環境，會顯示下列畫面：

這是建議使用 Edge 瀏覽器，可以獲得最佳 AI 聊天的體驗。

1-3-2　訪客身份進入 Bing Chat 的限制

訪客身份使用 Bing Chat 的限制如下：

註　目前是 AI 時代，Microsoft 公司隨時會因應趨勢，調整策略。

1： 第一次輸入完一個對話，會出現對話方塊，要求您接受使用規定條款。

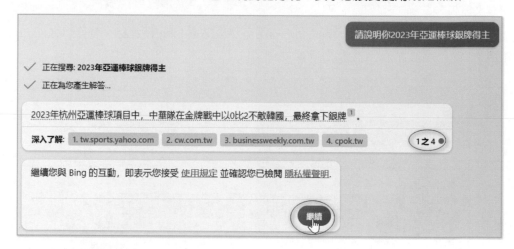

請按繼續鈕，上述只出現一次。

2： 在上述畫面可以看到「1 之 4」，這是告訴你每次對話限制 4 個問題，目前是第 1 個問題，如果對話達到 4 個問題，會看到下列訊息。

> ⚠ **您已達到今天的交談限制。** 登入以繼續您的聊天。

3： 你和 Bing Chat 的對話記錄不會保存。

1-4　登入和登出 Bing

建議使用 Bing Chat 時，用 Microsoft 帳號登入，同時使用 Edge 瀏覽器，這也是本書未來的使用方式與環境。

1-4-1　登入 Bing Chat

請進入 Bing Chat 頁面，可以看到下列畫面。

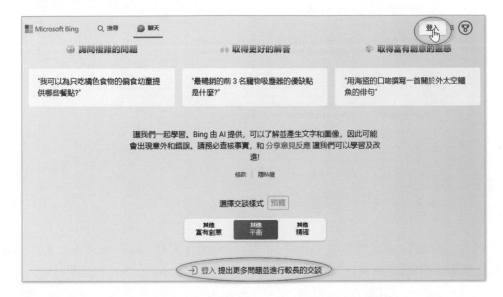

上述視窗下方也告訴使用者，正式登入，可以提出更多問題和 Bing Chat 對話。請參考右上方畫面，點選登入鈕，然後需要輸入 Microsoft 帳號，請參考下方左圖，接著按下一步鈕。

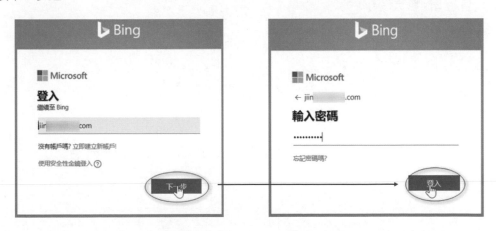

下一步是輸入密碼，請參考上方右圖，就可以登入 Bing Chat 環境，當以 Microsoft 帳號登入後，未來你的 Bing Chat 頁面會顯示你的帳號名稱。

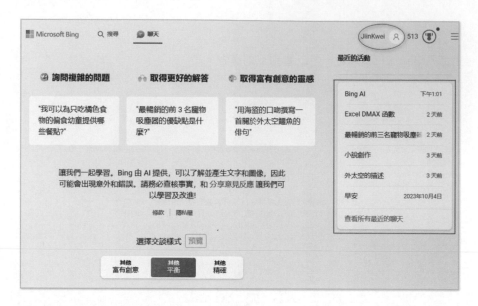

　　以上述為例，筆者的帳號名稱是 JiinKwei。此外，當登入後，未來再次進入 Bing Chat 環境時，帳號就會保持登入狀態。同時，我們可以在 Bing Chat 頁面上看到過去的對話記錄。

1-4-2　登出 Bing Chat

　　請將滑鼠游標移到帳號，此例是「JiinKwei」，按一下：

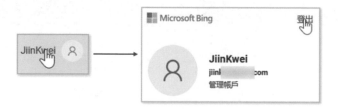

　　可以看到上方右圖，請點選「登出」超連結，就可以登出 Bing Chat。

1-5　認識 Bing Reward 點數

　　筆者登入 Bing Chat 頁面後，在帳號右邊看到了 513，讀者可能看到不同的數字，如下所示：

上述數字 513 代表目前筆者使用 Bing 的獎勵 (Rewards) 點數，右邊  是獎勵點數的圖示。這個點數未來可以用來折抵購買 Xbox One 或是其他好用的裝置，點選圖示 ，可以看到更多說明。

上述點選兌換，可以看到更多取得獎勵點數與兌換相關訊息。

1-6　選擇交談模式

Bing Chat 是微軟的一項服務，可以讓您與 Bing 搜尋引擎進行對話，獲得有趣和有用的資訊。Bing Chat 有三種模式，下列是 Bing Chat 自己回答交談樣式的差異。

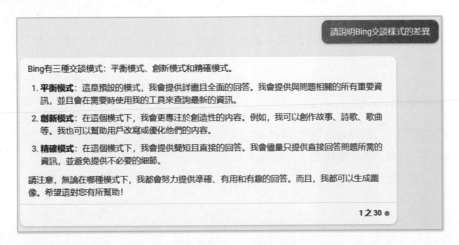

下列是筆者的補充：

● 創意模式：Bing Chat 會提供更多原創、富想像力的答案，適合想要靈感或娛樂的使用者，不同模式會有專屬色調，創意模式色調是淺紫色。註：上述 Bing 將此模式稱創新模式，但是選單是用「創意」，所以本書稱「創意模式」。

● 精確模式：Bing Chat 會直截了當的精準回覆，適合想要快速或準確的資訊的使用者，不同模式會有專屬色調，精確模式色調是淺綠色。

● 平衡模式：Bing Chat 會提供創意度介在前兩者之間的答案，適合想要平衡兩種需求的使用者，不同模式會有專屬色調，平衡模式色調是淺藍色。

註　Bing Chat 官方是用「交談樣式」，筆者是用「交談模式」，因為以繁體中文的意義而言，「模式」還是比較適合，所以本章內容筆者不使用「樣式」，讀者只要了解此差異即可。

建議開始用 Bing Chat 時，選擇預設的平衡模式，未來再依照使用狀況自行調整，所以我們也可以說 Microsoft 公司一次提供 3 種聊天機器人，讓我們體驗與 Bing Chat 對話。

註　本書內容筆者會依據聊天話題，更改交談模式，讀者可以由對話背景色彩了解所使用的交談模式。

1-6-1　平衡模式

每當我們進入系統後，可以看到 Bing Chat 首頁交談視窗，在這個視窗我們可以選擇交談模式，預設是平衡模式。假設輸入「請給我春節賀詞」：

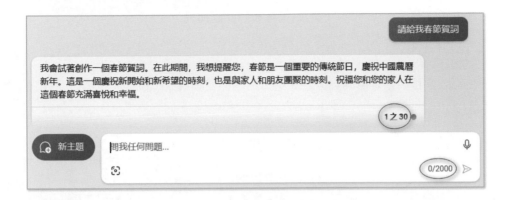

註1 在回應欄位可以看到「1 之 30」，表示每一個對話標題，可以有 30 則對話，目前是第 1 則。

註2 上述輸入框右下方可以看到「0/2000」，表示在平衡模式下，2000 是輸入文字限制，其中，中文字或是英文字母當作一個字。

讀者可以看到平衡模式色調是淺藍色，這也是本書內容主要的使用模式。

1-6-2　結束交談主題

❑　方法 1

在交談環境左下方看到  圖示，將滑鼠游標移到此圖示，可以看到變為新主題圖示，如下所示：

上述若是按一下新主題圖示，表示目前主題交談結束，可以進入新主題，如下所示：

進入新主題後，我們同時也可以選擇新的交談模式。

❑　**方法 2**

在交談過程，捲動畫面到上方，選擇不同的交談模式，例如：選擇創意模式，如下所示：

這時可以結束目前的交談主題，同時切換到創意模式。

1-6-3　創意模式

創意模式色調是淺紫色，下列是筆者輸入「現在月黑風高，請依此情境做一首七言絕句」。

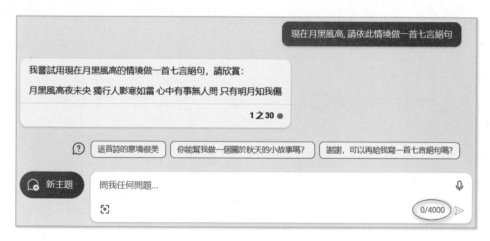

註　上述輸入框右下方可以看到「0/4000」，表示在創意模式下，4000 是輸入文字限制。

1-6-4 精確模式

精確模式色調是淺綠色,下列是筆者輸入「第一個登陸月球的人是誰」。

註 上述輸入框右下方可以看到「0/4000」,表示在精確模式下,4000 是輸入文字限
制。

1-6-5 認識輸入文字限制

在平衡模式下,每次輸入限制 2000 個字,其中,中文字或是英文字母當作一個字,
當有輸入時,會顯示目前輸入文字數。

下列是另一個實例,讀者可以計算每個英文字母被當作一個字。

1-6-6　創意 / 平衡 / 精確模式 – 回答相同的問題

下列是筆者問「颱風形成的原因」，讓 Bing Chat 回答的比較。

❏　創意模式

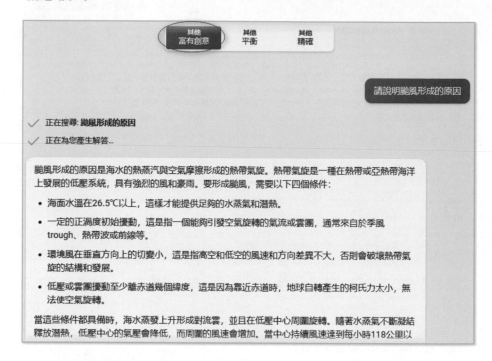

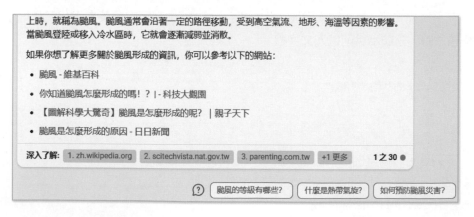

❑　平衡模式

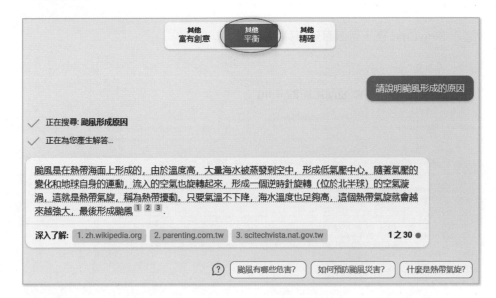

❑　精確模式

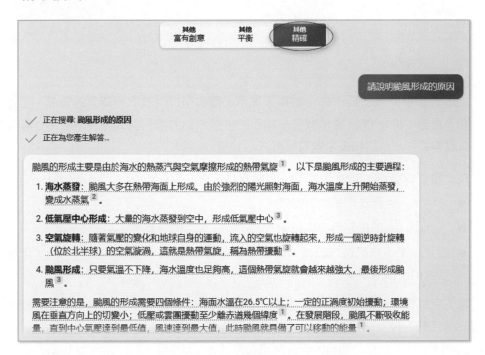

1-7　認識聊天介面

進入 Bing Chat 後，可以看到下列聊天視窗。

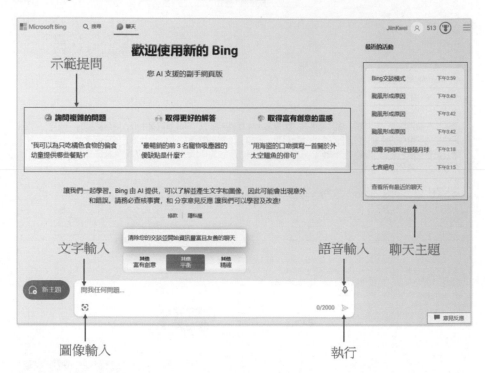

上述視窗中央可以看到 Bing 的聊天提示，讀者可以從此取得聊天的靈感。上方右邊有聊天主題，Bing Chat 會依據每一個新的主題，你的第一次問題為依據當作聊天主題，有關更近一步認識聊天主題可以參考 1-12 節。

從上圖可以看到，Bing Chat 有下列輸入方式：

- 文字輸入：這是傳統輸入方式。
- 語音輸入：這是使用麥克風輸入，更進一步說明請參考 1-9-2 節。
- 圖像輸入：我們也可以輸入圖像，這時 Bing Chat 相當於有視覺能力，更進一步說明請參考 1-9-3 節。

輸入完成後，可以按 Enter 或是按一下圖示 ▷，我們可以稱此為「提交」圖示，相當於將我們的輸入送給 Bing Chat 的伺服器後端，就可以等待 Bing Chat 回應你的輸入。註：如果輸入大量的資料，可以用複製方式。

1-8 強制跳行輸入 – Shift + Enter

如果輸入超出一行內容，可以順序輸入，到該行末端不要按 Enter，輸入游標可以自動跳到下一行繼續輸入。如果要強制讓輸入游標跳到下一行，可以用 Shift + Enter 鍵讓游標移到下一行輸入。註：如果輸入大量資料，可以使用複製方式，將資料複製到輸入文字框區。

1-9 多模態輸入 – 文字 / 語音 / 圖片

Bing Chat 的預設是鍵盤的文字輸入模式，此外，也有提供了多模態輸入觀念。

1-9-1 文字輸入與未來複製輸入

❑ 文字輸入

這是預設輸入，下列是實例。

按 Enter 鍵後，可以得到下列結果。

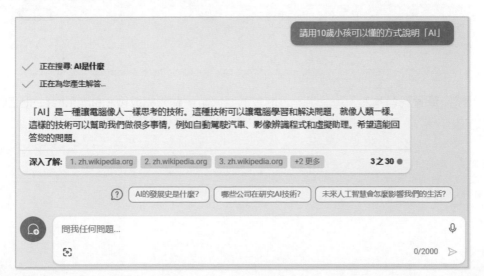

回應完成後，這時可以繼續輸入問題或是選擇新主題。

❏　複製輸入

文字輸入完成後，未來將滑鼠游標移至此輸入文字，可以看到複製功能。

請參考上圖點選複製，就可以複製該輸入。

1-9-2　語音輸入

要執行語音輸入，首先要將喇叭打開，Bing Chat 的輸入區可以看到 ↓ 圖示，可以參考下圖右邊。

點選 ↓ 圖示後可以看到下列畫面，Bing Chat 表示「我正在聽 …」。

然後筆者語音輸入「請說明颱風形成的原因」，輸入完成後，Bing Chat 的回應過程如下：

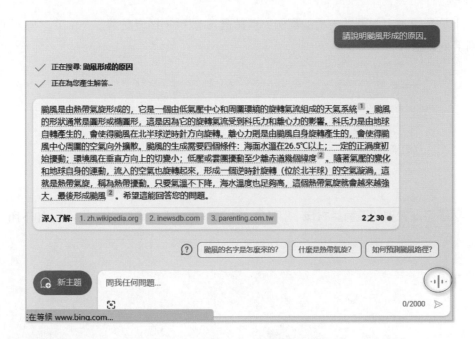

使用「語音輸入」時，Bing Chat 除了文字回應，也會用「語音回應」。在回應過程原先的圖示 🎤，將變為聲波圖示 ·||·，直至語音回應完成。

回應完成後，輸入框將變為下列畫面。

這時可以繼續輸入問題或是選擇新主題。

1-9-3　圖像輸入

在輸入框左邊有 🖼 圖示，此圖示稱新增影像圖示，可以參考下圖左邊。

下列是筆者上傳圖片分析的實例，請點選 🖵 圖示，然後點選從此裝置上傳，可以看到下列畫面。

然後可以看到開啟對話方塊，請點選 ch1 資料夾的「哈爾斯塔特.jpg」，如下所示：

請按開啟鈕，可以將此圖片上傳到輸入框。

上方右圖是筆者輸入「請分析此影像的內容」，輸入後可以得到下列結果。

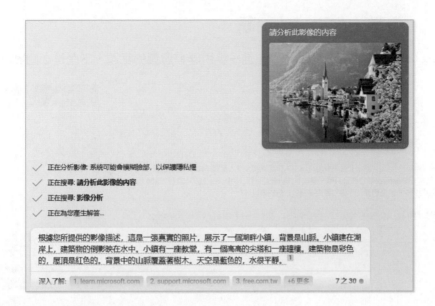

這是非常好的答案，由此可以看到現在 AI 視覺的能力真的很驚人，未來第 8 章，筆者還會介紹更完整的 Bing Chat 視覺能力。

1-10 Bing Chat 聊天的特色

1-10-1 參考連結

Bing Chat 的聊天資料，如果是參考特定網站，會有參考連結。

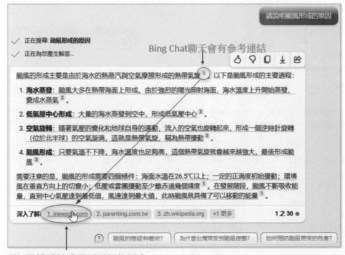

可以點選連結獲得更詳細的訊息

1-10-2　更進一步引導的話題

Bing Chat 除了回答對話，也會更進一步引導有意義的話題，下面是 2 個實例。

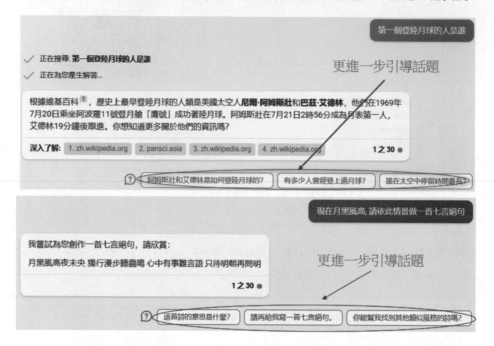

1-10-3　回答不受時間限制

ChatGPT 回答所提的問題會有 2021 年 9 月的時間限制，Bing Chat 則沒有限制，因為 Bing Chat 可以到網路查詢。

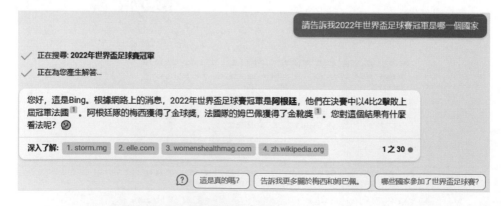

以下是 ChatGPT 回答，受到時間限制的實例。

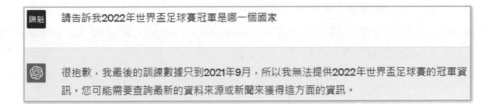

1-11 進一步處理 Bing Chat 的回應

Bing Chat 回應完成後，若是將滑鼠游標移到回應方塊，可以在右上方看到 5 個圖示：

上述 5 個圖示說明如下：

- 喜歡：點選後，可以在下方看到 Bing Chat 的回應，這是對他的鼓勵。

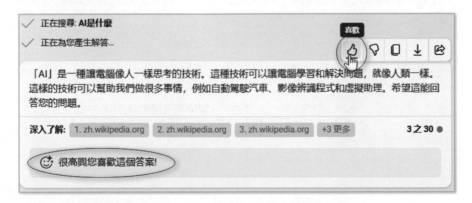

- 不喜歡：如果不喜歡 Bing Chat 的回應，可以點選此圖示。
- 複製：如果你是利用 Bing Chat 生成報告，可以利用這個功能，將生成的結果複製到報告內。

- 匯出：有 3 個選項，請參考 1-11-1 節。
- 分享：可以複製連結，或是使用 Facebook、Twitter、電子郵件、Pinterest 分享 Bing 回應的內容，請參考 1-11-2 節。

1-11-1　匯出內容

點選匯出圖示，可以看到下列畫面。

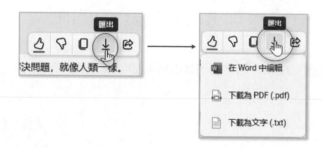

可以看到有 3 個選項：

❑ 在 Word 中編輯

可以開啟網路版的 Word，然後將 Bing Chat 回應內容載入編輯區。

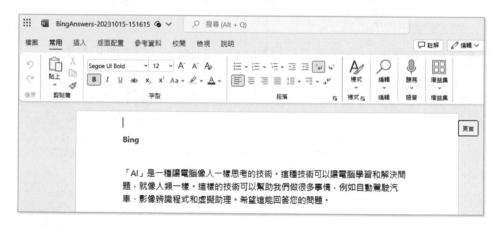

❑ 下載為 PDF

選擇下載為 PDF 後，由於筆者沒有安裝 PDF 編輯器，這時可以看到列印對話方塊，然後可以列印此 PDF。

□　下載為文字

選擇下載為文字後，可以看到下列下拉式視窗。

上述點選開啟檔案超連結，可以開啟記事本編輯器。

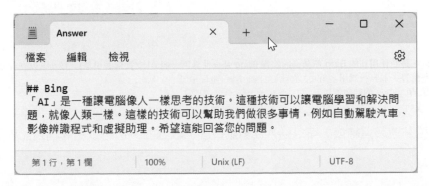

1-11-2　分享

下列是點選分享的畫面。

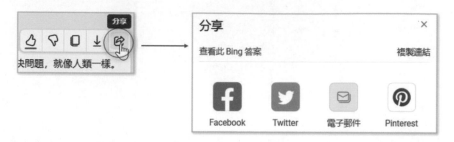

從上述可以看到除了複製連結，是將連結複製到剪貼簿，同時可以使用 Facebook、Twitter、電子郵件、Pinterest 分享 Bing 回應的內容，下列是筆者選擇電子郵件的畫面。

上述請在收件者輸入電子郵件，然後傳送此電子郵件。

上述點選超連結後，可以進入此對話頁面，收到的人也可以繼續編輯此對話的內容。

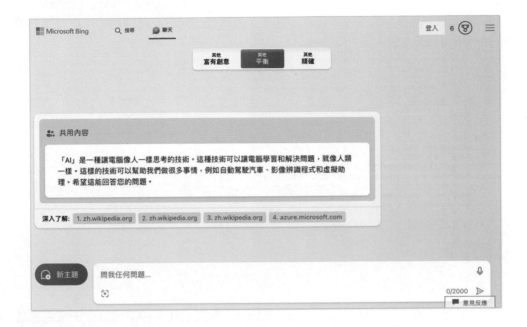

1-12 完整認識聊天主題

使用 Microsoft 帳號登入 Bing Chat，這個帳號會記錄所有的聊天記錄，我們稱此為聊天主題。

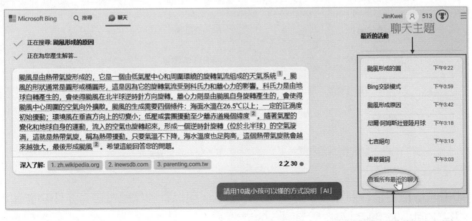

用窗格擴大顯示聊天主題

聊天主題下方有「查看所有最近的聊天」超連結，點選此超連結，可以產生右側窗格顯示所有聊天主題。

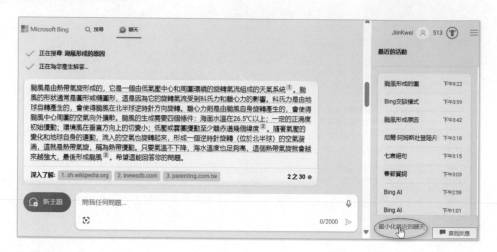

在右側窗格有「最小化最近的聊天」超連結，點選此超連結又可以恢復原先方式顯示聊天主題。

1-12-1　聊天主題的功能鈕

下方左圖是聊天主題。

如果將滑鼠游標移到標題，請參考上方右圖，可以看到標題右邊有 3 個功能圖示，筆者將在下面小節說明聊天主題與圖示的用法。

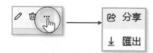

1-12-2　編輯聊天主題

編輯聊天主題圖示如下：

你可以按一下 ✎ 圖示，此時會出現聊天主題框，請參考下圖觀念更改框的內容，更改完成請按 ✓ 圖示。

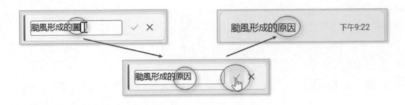

1-12-3　刪除聊天主題

請按一下 🗑 圖示，即可刪除聊天主題，例如下列是刪除「颱風形成原因」聊天主題的實例，當按一下 🗑 圖示，即可刪除此聊天主題。

1-12-4　切換聊天主題

滑鼠游標指向任一主題，按一下，即可切換主題，例如：下列是將滑鼠游標指向「請寫情書給南極大陸的企鵝」。

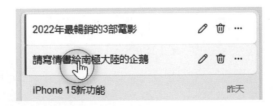

上述若是按一下，就可以切換至「請寫情書給南極大陸的企鵝」聊天主題。

1-12-5　分享聊天主題

這個功能和 1-11-2 節觀念一樣，可以將聊天主題的超連結分享，這個功能適合使用簡報人員將主題分享，其他人由超連結可以獲得聊天主題的內容，下列是點選時可以看到的畫面。

從上述知道，可以用複製連結、Facebook、Twitter、電子郵件和 Pinterest 分享。

1-12-6　匯出聊天主題

這個功能和 1-11-1 節觀念一樣，若是點選匯出，可以看到下列畫面。

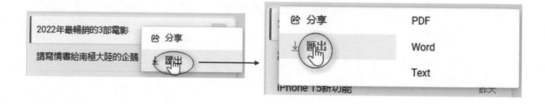

第 2 章

Bing App - 手機也能用 Bing Chat

2-1 Bing App 下載與安裝

Bing AI 目前也有 App，讀者可以搜尋，如下方左圖：

安裝後，可以看到 Bing 圖示，可以參考上方右圖。

2-2 登入 Microsoft 帳號

下載後可以直接使用，或是登入帳號再使用，不登入帳號會有發話限制，同時沒有聊天記錄，如果不想登入帳號可以直接跳到下一小節內容，建議讀者登入帳號。進入 Bing App 後，要登入帳號，請點選登入超連結。

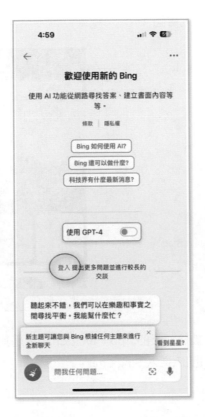

然後依序輸入帳號、密碼,如下所示:

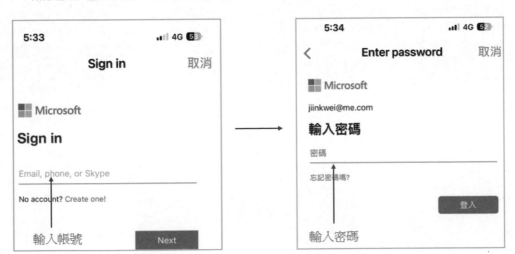

登入成功後，將看到下列畫面。

你的Microsoft帳戶資料 ────►

進入Bing AI

其實 Bing App 已經不純是聊天的 App，Bing Chat 只是其中一環，你也可以看到即時新聞，讀者可以點選 圖示進入 Bing Chat。

2-3　手機的 Bing Chat 對話

進入 Bing Chat 聊天環境後，可以選擇是否使用 GPT-4，若是不使用，可以用注音或語音輸入問題 (可以參考下方中間圖)，Bing Chat 可以回應你的問題 (可以參考下方右圖)。

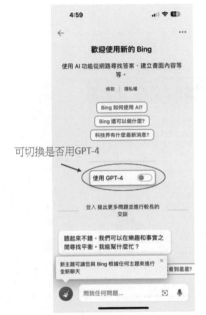

2-4　Bing App 切換到 GPT-4 對話模式

我們也可以切換到 GPT-4 對話模式，可以參考下圖。

上述環境與 ChatGPT App 最大差異在於，我們可以使用注音輸入。

第 3 章
摘要與翻譯網址內容

ChatGPT 對於網站內容的取得需使用插件 (或稱外掛)，Bing Chat 則是可以直接摘要或是翻譯網址內容。

3-1　摘要特定網站內容

3-1-1　摘要 Microsoft 公司網站內容

3-1-2　摘要深智公司網站內容

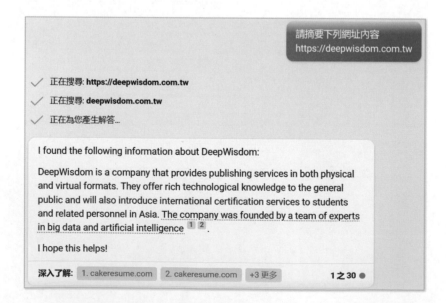

上述用英文回應，下列是筆者要求用中文回應的結果。

3-2 摘要特定新聞網址內容

3-2-1　摘要英文新聞網址

❏　實例 1

當你看到國外英文網站的新聞時，可以請 Bing Chat 做摘要，下列是取材自 USA Today 網址內容：

你可以將網址複製，然後讓 Bing Chat 為你摘要內容。

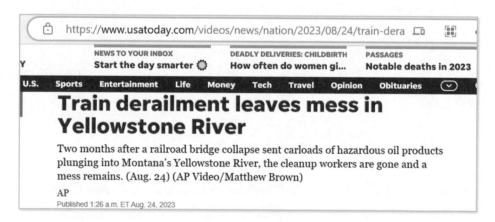

□　實例 2

下列是另一個實例。

下列是摘要與翻譯內容的結果。

3-2-2　摘要學校網址

有一個網址如下：

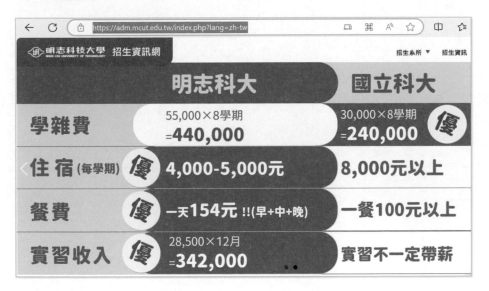

下列是摘要網址內容的結果。

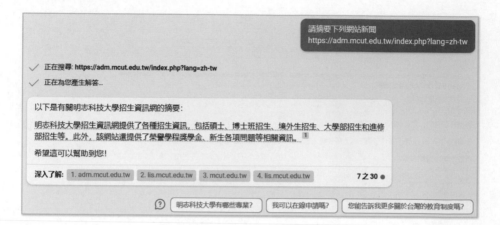

第 4 章

Copilot 功能探索

2023 年 10 月 20 日前，使用 Edge 瀏覽器時，我們可以按瀏覽器右上方的 ⓑ 圖示，顯示或隱藏「側邊欄」，此「側邊欄」也可稱「探索窗格」或「側邊視窗」。

2023 年 10 月 20 日後，Microsoft 公司悄悄的將瀏覽器右上方的 Bing 圖示 ⓑ，改為 Copilot 圖示 ⬡ ，如下所示：

自此我們可以稱側邊欄為 Copilot 視窗，本章主要是探索 Copilot 功能。

註1 Copilot 單字的意義是「副駕駛」，所以 Copilot 視窗本身就是有輔助的意義，我們可以想成是 Windows 作業系統的小幫手。

註2 Microsoft 公司在 2023 年 7 月的全球夥伴大會曾經提及，上市後使用者每個月可花費 30 美元訂閱，筆者撰寫此書時，尚未正式上市。不過，免費功能已經釋出，本章以及部分後面小節會分別以實例說明這些免費功能。

註3 AI 時代已經來了，Microsoft 公司新功能不斷推出，可預見的未來 Copilot 還會有更多本書未提到的功能釋出，筆者也將時時關注此功能。

4-1　顯示 Copilot 視窗

4-1-1　開啟 Copilot 視窗

假設你的 Edge 視窗顯示 Bing Chat，畫面如下：

請點選右上方的圖示 ，可以顯示 Copilot 視窗，可以參考下圖。在下圖右邊的 Copilot 視窗上方有聊天、撰寫、深入解析等 3 個標籤，預設是聊天，更多說明會在 4-2 節解說。

上方右邊視窗中央可以看到「Copilot with  Bing Chat」，這也告訴我們在 Copilot 視窗環境，已經整合 Bing Chat 的功能，因此我們使用 Bing Chat 的功能皆可以在 Copilot 視窗內執行。當然 Copilot 視窗也包含有屬於 Copilot 特有的功能。

4-1-2　產生頁面摘要

在 Copilot 視窗中央可以看到「產生頁面摘要」字串，因為這是超越了 ChatGPT 的功能，新穎、重要，所以特別顯示。這個功能主要是，我們可以用此指令摘要左側視窗的內容。例如：我們可以用左邊畫面顯示要瀏覽的網頁內容，右邊則是顯示 Copilot 視窗。

註：上述畫面取材自 Yahoo 新聞網，原新聞是屬中天新聞網所有

請點選「產生頁面摘要」，這相當於是輸入「產生頁面摘要」，可以在 Copilot 視窗的回應區看到左側頁面的新聞摘要。

4-2　Copilot 視窗功能

Copilot 視窗畫面如下：

Copilot 視窗內主要有 3 個功能標籤，可以參考下圖：

- 聊天：這是 Bing Chat 的聊天功能，也可以摘要左側瀏覽的新聞，可以參考 4-3 節。
- 撰寫：可以要求 Bing Chat 依特定格式撰寫文章，可以參考 4-6 節。
- 深入分析：可以分析瀏覽器左側的網頁內容，可以參考 4-4 節。

4-3　聊天

在此標籤環境，除了可以進行一般聊天、摘要網頁新聞，更可以只提供書籍標題，不需提供書籍內容，直接讓 Copilot 回應心得或是摘要報告。

4-3-1　一般聊天

我們可以不理會左側視窗顯示的內容，直接使用右側的 Copilot 視窗聊天，下列是實例，右側輸入是「請用 100 個字說明人類登陸月球的歷史」。

4-3-2 摘要左側欄位的中文新聞內容

前一章筆者介紹了 Bing Chat 可以摘要指定網站或網頁內容,當我們開啟 Copilot 視窗後,可以用左邊頁面顯示網站內容,然後用右邊的 Copilot 視窗摘要左邊頁面顯示的新聞。此例,筆者輸入是「請摘要左側視窗的新聞內容」。

4-3-3 摘要英文新聞

此例,筆者輸入「請摘要左側瀏覽器頁面顯示的新聞」。

4-3-4　摘要讀書心得

傳統上，我們可能會想將文章傳遞給 Bing Chat，然後讓 Bing Chat 閱讀在撰寫摘要或是心得報告。Copilot 已經超越此功能，我們可以直接讓 Copilot 回應某本書籍的摘要或是心得報告，請輸入「請用 300 個字敘述『老人與海』的心得報告」。

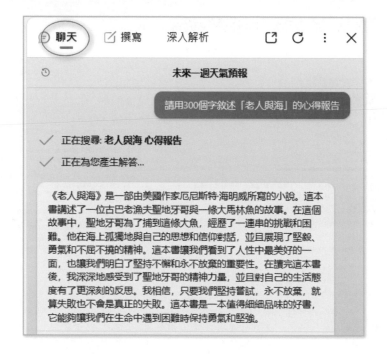

4-4　深入分析

點選「深入分析」標籤，可以在 Copilot 視窗內看到系列，有關分析左側新聞的畫面的關鍵詞。

例如：點選「深入解析」標籤後，可以看到左側新聞主角「Joe Biden」的維基百科供點選，若是點選「查看更多」超連結，可以看到更多內容。

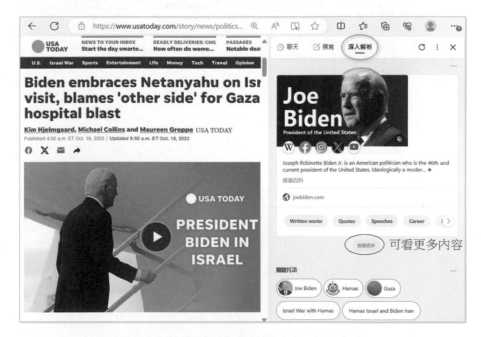

　　同時也會列出有關左側新聞的關鍵片語，例如：Joe Biden(拜登)、Hamas(哈瑪斯)、Gaza(加薩)、Israel War with Hamas (哈瑪斯與以色列戰爭)、Hamas Israel and Biden Iran(哈瑪斯 以色列 拜登 伊朗)。往下捲動可以看到新聞分析與推薦適合你的其他新聞內容標題。

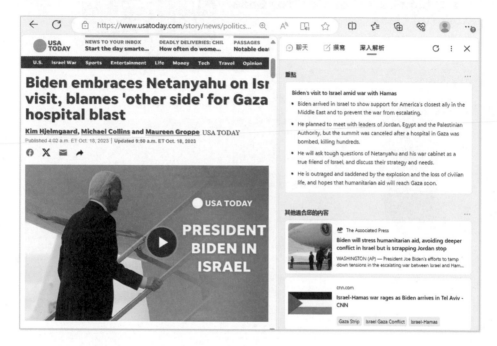

上述中文翻譯如下：

拜登在與哈馬斯的戰爭中訪問以色列

- 拜登抵達以色列，以展示對美國在中東最親近的盟友的支持，並防止戰爭升級。
- 他原計劃與約旦、埃及和巴勒斯坦當局的領導人會面，但在加薩的一家醫院被轟炸、造成數百人死亡後，這次高峰會被取消。
- 作為以色列的真正朋友，他將向內塔尼亞胡及其戰爭內閣提出嚴格的問題，並討論他們的策略和需求。
- 他對爆炸和平民生命的損失感到憤怒和悲傷，並希望人道援助將很快到達加薩。

另外推薦了 2 則新聞，中文翻譯如下：

- 拜登將強調人道援助，避免以色列進一步的衝突，但取消了前往約旦的行程。
- 當拜登抵達特拉維夫時，以色列和哈馬斯的戰爭仍在持續。

4-5　網頁版的 Office 365

由於下一節所介紹的撰寫標籤功能，可以將所寫的內容複製到網頁版的 Word，所以筆者先在這一節說明網頁版 Office 365 和 Word 開啟方式。請開啟 Edge 的新標籤，然後點選右側欄的 Office 365 標籤圖示 。

可以看到下列畫面。

請點選 Word，就可以在左側視窗啟動網頁版的 Word。

上述點選空白文件，就可以開啟此空白文件的 Word。

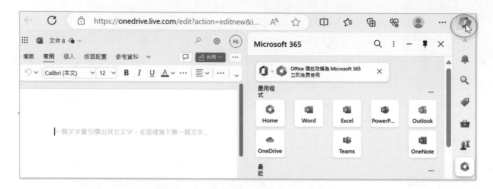

現在右側視窗點選圖示 ，然後選擇撰寫標籤，就可以進入下一節所需的環境。

4-6　撰寫

1-1 節筆者有說明 Bing Compose 功能，這個英文名詞 Microsoft 公司並沒有統一的中文名稱，但是所指的功能就是本節所述內容。基本上我們將 Bing Compose 稱「Bing 撰寫」、「Bing 創作」、「Bing 生成」。

4-6-1 草稿撰寫 – 預設格式

點選「撰寫」標籤,可以看到下列畫面。

上圖各欄位說明如下:

● 題材:這是我們輸入撰寫的題材框。

● 語氣:可以要求 Bing Chat 回應的語氣,預設是「很專業」。

● 格式:可以設定回應文章的格式,預設是「段落」。

● 長度:可以設定回應文章的長度,預設是「中」。

● 產生草稿:可以生成文章內容。

● 預覽:未來回應文章內容區。

筆者輸入「請說服我帶員工去布拉格旅遊」,按產生草稿鈕,可以得到下列結果。

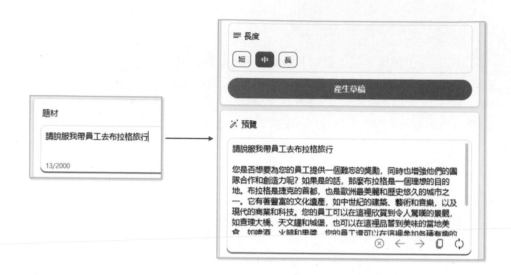

4-6-2　新增至網站 – 文章貼到網頁版的 Word

　　下列是筆者選擇格式「部落格文章」和長度「短」，再按產生草稿鈕，得到不一樣的文章內容結果，下方有「新增至網站」，如果左側有開啟 Word 網頁版，可以按下方「新增至網站」鈕，將產生的文章貼到左邊的 Word。

4-6-3 清除內容重新撰寫

探索窗格上方有 ⟳ 圖示。

這是稱 Reload 圖示,點選可以清除內容,重新撰寫內容。

4-6-4 電子郵件格式

下列是筆者輸入題材是「Python 王者歸來內容超越同業」,選擇語氣是「新聞」,格式是「電子郵件」,請參考下方左圖。

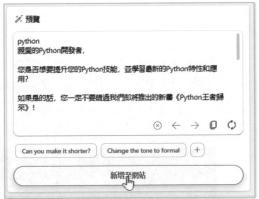

請按產生草稿鈕,可以在預覽欄位看到所產生的文件內容,請參考上方右圖。此時,若是按「新增網站」鈕,可以在左側的網頁版 Word 視窗看到完整有關「Python 王者歸來內容超越同業」電子郵件格式的內容。

4-7 播放最新流行音樂

請輸入「請播放最新流行音樂」，Copilot 可以在左側視窗開啟 Spotify 網站，這是一家瑞典線上音樂串流媒體平台，主要服務除音樂外，包含 Podcast、有聲書及影片串流服務。

4-8　Copilot 功能探索

　　Copilot 是 2023 年 AI 時代 Microsoft 最新的產品，相信功能仍在擴充中，對大多數的人而言，這仍是陌生的功能，因此當我們進入 Copilot 視窗後，可以在視窗中央看到 Discover more 超連結，這是告訴使用者，可以進入此連結頁面了解 Copilot 的最新功能。

　　點選後 Edge 瀏覽器畫面將如下所示：

從左側視窗，我們可以逐步瀏覽 Copilot 的功能，而這些功能主要是執行創作、獲取答案、計畫一些事情。功能視窗下方有匯總和搜索、創建映像、管理你的瀏覽器和像專業人士一樣寫作等 4 大功能，將分成 4 小節說明。

4-8-1　匯總和搜索

這個功能是告訴我們，在 Copilot 視窗可以盡情聊天，或是請求匯總與計劃行程之類的行為。點選匯總和搜索鈕後，下方左圖可以看到下列畫面：

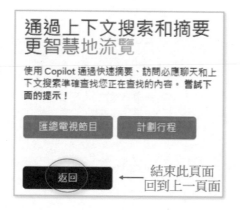

點選匯總電視節目鈕或是計劃行程鈕，在 Copilot 視窗相當於會產生你的輸入文字，例如：點選計劃行程鈕，會產生「計畫為期 3 天的倫敦之旅」輸入字串，然後就可以看到回應的計劃行程內容。

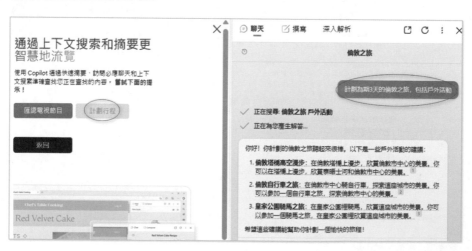

4-8-2　創建影像

　　第 5 章介紹在 Bing Chat 聊天環境可以創建圖像，第 6 章介紹在 Bing Image Creator 環境建立圖像。其實，我們也可以在 Copilot 視窗建立影像，點選此功能鈕後可以看到下列畫面。

　　從上述可以看到有生成草圖、創作漫畫、設計房間和創建項鍊等 4 大領域的應用實例，經過筆者測試只要你可以有創意，就可以生成你相中的影像。點選任一應用範例鈕，Copilot 視窗就可以看到所生成的映像。下列是點選創作漫畫鈕的實例，結果自動生成「創建戰士在山中與龍搏鬥的漫畫場景的圖像」。

4-8-3　管理你的瀏覽器

點選管理你的瀏覽器，這就是可以設定 Edge 瀏覽器，可以看到下列畫面。

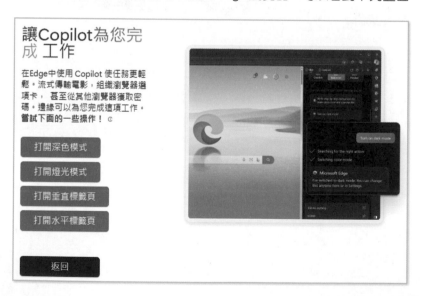

　　基本上可以處理 Edge 瀏覽器的垂直標籤或水平標籤頁面，也可以處理色彩模式，目前環境預設是燈光模式，點選深色模式鈕後，相當會自動生成「打開深色模式」輸入，視窗畫面將變成深色，如下所示：

點選打開燈光模式鈕，相當會自動生成「打開燈光模式」輸入，視窗畫面色彩將復原，如下所示：

4-8-4　像專業人士一樣寫作

點選像專業人士一樣寫作鈕，可以看到下列畫面。

　　主要是我們提供題材，選擇語氣、格式、長度，就可以生成草稿文件，更多相關
細節讀者可以參考 4-6 節。

第 5 章
AI 繪圖 – 聊天生成圖片

　　Microsoft 公司在 2019 年投資了 OpenAI 公司 10 億美元，2023 年 1 月又宣布投資了 OpenAI 公司 100 億美元，這個投資更是促成微軟和 OpenAI 的合作邁向了另一個境界。除了 ChatGPT 的文字生成引擎導入 Bing Chat，OpenAI 公司的影像生成 DALL-E 也導入 Bing Chat，我們可以使用文字對話，讓 Bing Chat 產生影像。

註　使用 Bing Chat 對話時，如果表達不夠清楚，Bing Chat 有時也會使用影像回應你的對話。

5-1　Bing Chat 生成影像的能力

　　詢問 Bing Chat「你是不是可以生成影像」，Bing Chat 會告訴你可以生成影像，在影像生成過程會先看到下列畫面：

　　完成後可以看到下列所生成的影像。

　　Bing Chat 每次生成影像,可以生成 4 張影像,我們可以針對所生成的影像操作,
細節可以參考下一節。

註　與一般 AI 生成圖像很不一樣的地方是,我們可以使用中文生成影像。

5-2　操作影像

　　將滑鼠游標移到要處理的影像,按一下滑鼠右鍵,可以看到快顯功能表,此功能
表內含操作影像的系列指令,如下所示:

5-2-1　在新索引標籤中開啟連結

可在 Edge 瀏覽器開啟新索引標籤，然後顯示影像連結。

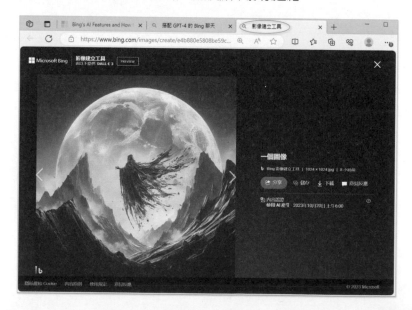

5-2-2　在新視窗中開啟連結

會產生一個新的 Edge 視窗，然後開啟影像連結。

5-2-3　在 InPrivate 視窗中開啟連結

這也是開啟新視窗，然後顯示影像連結，不過所開啟的視窗是 InPrivate 視窗，Edge 瀏覽器的 InPrivate 視窗特色是「系統將會刪除您的流覽歷程記錄、Cookie 和網站資料，以及密碼、位址和表單資料」。

5-2-4　在分割螢幕視窗中開啟連結

Edge 會產生分割螢幕，右半部顯示影像連結。

5-2-5　以設定檔 2 開啟連結

在開啟一個 Edge 視窗，用設定檔 2 的方式開啟影像連結。

5-2-6　建立此影像的 QR 代碼

執行後可以看到下列 QR 代碼，可以參考下方左圖。

上述 QR 代碼可以複製或是下載，如果用手機掃描此 QR 代碼，可以看到上方右圖的結果。

5-2-7　另存連結

可以將影像的連結儲存。

5-2-8　複製連結

可以複製影像的連結，此連結可以複製到瀏覽器的網址，未來可以顯示此影像。

5-2-9　在新分頁中開啟影像

建立一個分頁顯示影像。

5-2-10　另存影像

會出現另存新檔對話方塊，然後可以儲存影像，例如：假設要儲存的影像名稱是 image1，儲存位置是 ch5 資料夾，可以輸入如下：

上述按存檔鈕後，未來在 ch5 資料夾可以得到下列結果。

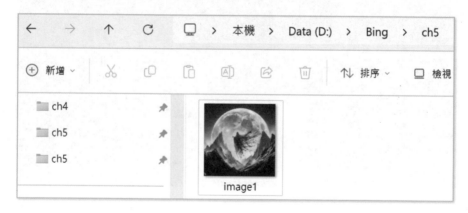

5-2-11 　複製影像

影像複製後是放在剪貼簿，我們可以使用貼上 (Paste) 功能將影像貼到指定位置，例如：貼到 Word。

5-2-12 複製影像連結

複製影像連結，例如：下列是此實例的複製連結。

https://th.bing.com/th/id/OIG.SPY8sEL9wLtBdLpJxBsf?w=270&h=270&c=6&r=0&o=5
&dpr=1.1&pid=ImgGn

如果將上述影像連結貼到瀏覽器的網址列，可以顯示此影像。

5-2-13 編輯影像

建立好的影像，可以使用裁剪、調整、篩選條件、標記編輯影像，下列是實例。

❑ 裁剪

你可以使用拖曳控點，調整影像大小。

❑ 調整

可以針對下列方式調整色彩：

● 淺色：亮度、曝光度、對比、高反差、陰影暈影。

● 色彩：飽和度、溫暖、色調。

❑　篩選條件

可以直接依據特色修改色彩。

❏ 標記

可以用畫筆標記影像。

5-2-14 使用 Bing 搜尋影像

可以用 Bing 的搜尋功能,搜尋影像,下列是示範輸出。

捲動畫面可以看到更多搜尋結果。

5-2-15　在網頁上搜尋影像

搜尋網頁的影像，筆者測試和 5-2-14 節的結果相同。

5-2-16　圖像式搜尋

可以針對影像做圖像式搜尋，然後輸出搜尋結果。

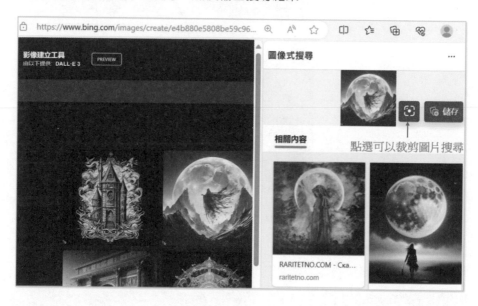

註1 Edge 的圖像式搜尋功能，也可以協助辨識地標、若是購買衣服或家居用品，甚至可以搜尋到外觀相似的照片。

註2 點選圖示 ⊡，可以裁剪圖片做搜尋。

註3 未來 7-2 節會介紹更完整圖像式搜尋功能。

5-2-17　新增至集錦

可以將影像新增至集錦，執行後可以點選開啟 Edge 瀏覽器的集錦圖示 ⊞，看到執行結果，下列是點選集錦圖示 ⊞。註：在 Edge 瀏覽器此圖示 ⊞ 稱集合。

可以得到下列結果。

5-2-18　分享

可以將影像的超連結分享，執行此指令後可以看到下列畫面。

從上述可以選擇要分享的方式。

5-2-19　檢查

可以開啟目前檔案所在 HTML 檔案的位置，以及相關的連結資訊，下列是示範輸出。

5-3　生成影像的系列實例

5-3-1　群聚的國王企鵝影像

下列是詢問「請生成群聚的國王企鵝影像」。

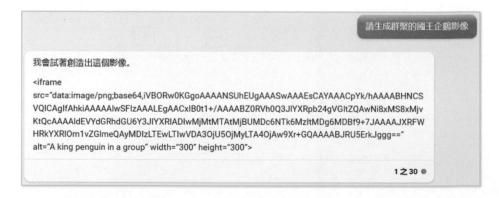

"A king penguin in a group"
由 Bing 影像建立工具製作　　　　由 DALL·E 3 提供

(?)　你能画一只企鹅吗?　这是什么类型的企鹅?　我可以使用您创建的图像吗?

註　影像下方可以看到 Bing Chat 將中文翻譯成英文的結果 (A king penguin in a group)，這個觀念可以應用在本章接下來的影像。

前一節介紹了操作影像的指令，看到 4 張影像，也可以選擇喜歡的影像，按一下，就可以放大影像單獨用新的索引標籤開啟連結，細節可以參考 5-2-1 節。

5-3-2　加拿大黃刀鎮的極光

下列是詢問「請繪製加拿大黃刀鎮的極光影像」。

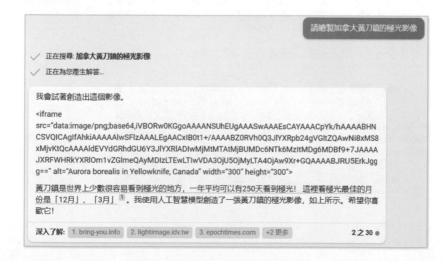

請繪製加拿大黃刀鎮的極光影像

✓　正在搜尋: 加拿大黃刀鎮的極光影像
✓　正在為您產生解答…

我會試著創造出這個影像。

<iframe src="data:image/png;base64,iVBORw0KGgoAAAANSUhEUgAAASwAAAEsCAYAAACpYk/hAAAABHN CSVQICAgIfAhkiAAAAAlwSFlzAAAALEgAACxIB0t1+/AAAABZ0RVh0Q3JlYXRpb24g dGltZQAwNi8xMS8xMjvKtQcAAAAldEVYdGRhdGU6Y3JlYXRlADIwMjMtMTAtMjBUMDc6 NTk6MzUtMDg6MDBf9+7JAAAAJXRFWHRkYXRlOm1vZGlmeQAyMDIzLTEwLTIwVDA3OjU5 OjMyMyLTA4OjAw9Xr+GQAAAABJRU5ErkJgg==" alt="Aurora borealis in Yellowknife, Canada" width="300" height="300">

黃刀鎮是世界上少數很容易看到極光的地方，一年平均可以有250天看到極光！ 這裡看極光最佳的月份是 「12月」、「3月」 [1]。我使用人工智慧模型創造了一張黃刀鎮的極光影像，如上所示。希望你喜歡它!

深入了解: 1. bring-you.info　2. lightimage.idv.tw　3. epochtimes.com　+2 更多　　2 之 30 ●

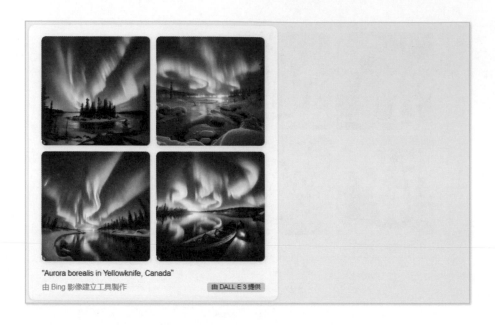

"Aurora borealis in Yellowknife, Canada"

由 Bing 影像建立工具製作　　　　　由 DALL·E 3 提供

5-3-3　生成哈爾斯塔特的冬天影像

筆者詢問「請繪製冬天，傍晚，飄著雪，奧地利哈爾斯塔特 (Hallstatt) 風景畫」。

請繪製冬天, 傍晚, 飄著雪, 奧地利哈爾斯塔(Hallstatt)特風景畫

✓ 正在搜尋: winter evening snow Hallstatt Austria landscape

✓ 正在為您產生解答...

哈爾斯塔特是奧地利的一個小鎮, 位於山區和湖泊之間, 是一個美麗的旅遊勝地。這裡的冬天非常美麗, 有許多雪景和冰湖 [1]。我使用人工智慧模型創造了一張哈爾斯塔特的冬天傍晚雪景畫, 如上所示。希望你喜歡它!

深入了解: 1. practicalwanderlust.com　2. wallpaperflare.com　+3 更多　　　　5 之 30 ●

查看所有圖片 ›

"Winter evening snow Hallstatt Austria landscape"

由 Bing 影像建立工具製作　　　　　　　　　　由 DALL E 3 提供

5-4　日系風格的影像

筆者詢問有哪些「日本有哪些風格的影像可以生成」。

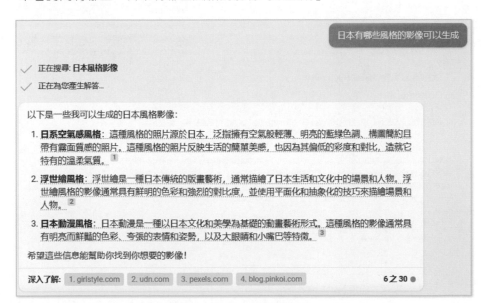

5-4-1　浮世繪風格

浮世繪是日本的一種傳統版畫藝術形式，起源於 17 世紀，並在 18 和 19 世紀達到高峰。以下是浮世繪風格的主要特色：

- 題材多樣：浮世繪的主題包括風景、美女、歌舞伎演員、歷史和神話故事等。

- 鮮明的色彩：使用鮮艷的色彩和對比強烈的色塊，特別是在 19 世紀後期，當時開始使用化學染料。

- 平面感：浮世繪強調圖像的平面性，通常缺乏西方畫作中的透視和陰影。

- 線條清晰：線條通常是清晰和簡單的，並用來定義形狀和細節。

- 裝飾性：浮世繪的設計和構圖往往具有強烈的裝飾性和圖案感。

- 版畫技術：浮世繪是使用木板版畫技術製作的，這意味著每一張畫都是從雕刻過的木板上印刷出來的。

- 大眾化：浮世繪是為普通大眾製作的藝術品，與當時的上層社會的官方藝術形成對比。

- 文化反映：浮世繪反映了當時的都市生活、時尚和娛樂，並成為研究日本歷史和文化的重要資源。

總之，浮世繪是日本藝術史上的一個重要章節，它反映了當時的社會、文化和美學價值觀。下列是繪製「請生成日本浮世繪風格的村落，秋天風景」。

"A Japanese village in autumn in ukiyo e style"
由 Bing 影像建立工具製作　　　由 DALL-E 3 提供

5-4-2 柯南風格

名探偵コナン（柯南），是由青山剛昌創作的日本漫畫，後來也被改編成動畫、電影等。柯南風格具有以下特色：

- 角色設計：角色通常有大而明亮的眼睛，尤其是主要角色。柯南本身的設計是一個小孩，但他的眼神和表情常展現出成熟和智慧。
- 現代背景：故事背景通常是現代都市，如東京，並涉及現代技術和科學。
- 推理和懸疑：故事中充滿了謎題、謀殺案和其他犯罪，需要柯南和其他角色進行推理解決。
- 劇情結構：每個案件通常從犯罪現場開始，然後進行調查，最後由柯南或其他主要角色揭示真相。
- 幽默元素：儘管故事中有許多嚴肅的犯罪情節，但也充滿了幽默和輕鬆的時刻。
- 情感深度：柯南和其他角色之間的關係和情感深度為故事增添了層次。
- 獨特的道具：如柯南的領結型變聲器、增強踢力球鞋和犯人追蹤眼鏡，這些都是他解決案件的重要工具。
- 連續性和單集故事：雖然某些故事是連續的，但大多數的案件都是單集完結，使觀眾可以隨時跟上。

總之，《名偵探柯南》的風格結合了推理、懸疑、動作和情感，創造了一個既有深度又具娛樂性的故事世界。下列是繪製「請生成柯南偵探在東京街頭的影像，冬天，飄雪」。

5-4-3　宮崎駿風格

宮崎駿是日本動畫界的大師，他的作品風格獨特且深受全球喜愛。若要用 AI 繪圖模擬宮崎駿的風格，以下是其特色：

● 自然主義：宮崎駿的作品中，自然環境總是被描繪得極為詳細和生動，如風吹過的草地、流動的水和飛翔的鳥。

● 夢幻與現實交錯：他的故事中經常融合了夢幻和現實，創造出既奇妙又真實的世界。

● 人物設計：角色具有獨特的外觀和性格，往往帶有柔和的線條和明亮的眼睛。

- 情感深度：宮崎駿的作品總是充滿情感，無論是角色之間的互動還是與自然環境的連接。
- 道德議題：他的故事經常探討道德和倫理問題，如環境保護、戰爭和和平。
- 動態流暢：動畫中的動作和過渡都非常流暢，每一幀都被細心繪製。
- 細節豐富：從背景到角色的服裝，每一部分都充滿了細節。
- 色彩選擇：使用柔和、自然的色彩，使畫面充滿溫暖和舒適感。

Bing Chat 也可以捕捉其獨特的視覺和情感特質繪製影像，下列是繪製「15 歲的男生，有明亮的雙眼，揹著書包，手上拿一本書，在火車站，使用宮崎駿風格」的結果。

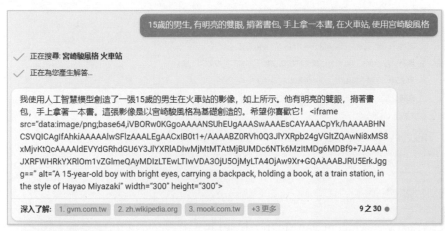

"A 15 year old boy with bright eyes, carrying a backpack, holding..."
由 Bing 影像建立工具製作　由 DALL·E 3 提供

5-5　藝術家的風格

Bing Chat 的 AI 繪圖也可以有藝術家風格，下列是詢問「可不可以用文字列出有哪些藝術家的創作風格」。

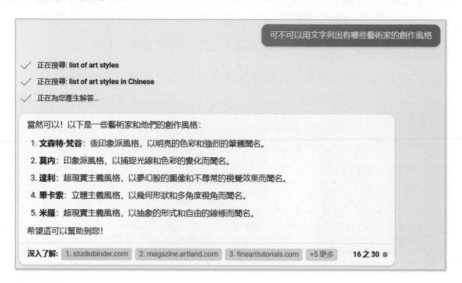

5-5-1　梵谷風格

文森特·梵谷（Vincent van Gogh）是 19 世紀後期的荷蘭後印象派畫家，他的繪畫風格獨特且具有強烈的情感深度。以下是梵谷繪畫風格的主要特色：

- 激烈的筆觸：梵谷的畫作中經常使用厚重、快速且有節奏的筆觸，這些筆觸彷彿在畫布上跳舞，充滿活力。

- 鮮明的色彩：他喜歡使用鮮艷和對比強烈的色彩，這些色彩能夠傳達他的情感和心境。

- 情感表達：梵谷的畫作充滿了情感，無論是他的自畫像還是風景畫，都能感受到他的激情、孤獨和掙扎。

- 夜空與星星：梵谷的一些最著名的作品，如《星夜》，描繪了旋轉的夜空和閃亮的星星，這些元素成為他的標誌性風格。

- 自然與日常生活：梵谷經常描繪他所處的環境，無論是法國南部的鄉村還是荷蘭的風景，他都能捕捉到自然的美和日常生活的簡單。

- 厚重的質感：他的畫作中經常使用大量的油彩，使畫面具有厚重的質感。

● 扭曲和過度：梵谷的畫作中的形狀和線條經常被扭曲和放大，這增強了畫面的動態和情感強度。

　　總之，梵谷的繪畫風格是獨特且充滿情感的，他的作品不僅展現了他的內心世界，也影響了後來的許多藝術家。下列是詢問「請生成威尼斯的咖啡館，梵谷風格」，生成梵谷風格的影像。

5-5-2　莫內風格

克洛德・莫內（Claude Monet）是 19 世紀法國印象派的先驅之一，他的畫作風格獨特，對光線和色彩的捕捉尤其出色。以下是莫內繪畫風格的主要特色：

- 光線與氛圍：莫內對光線的變化和其對景物的影響特別敏感。他經常畫同一個場景在不同時間和光線下的變化。

- 快速筆觸：他使用快速而鬆散的筆觸來捕捉瞬間的光線和氛圍，這也是印象派名稱的由來。

- 鮮明的色彩：莫內使用鮮艷的色彩，避免使用黑色和棕色，而是用純色來創建陰影和深度。

- 自然主題：他經常描繪自然景觀，如花園、池塘和柳樹，特別是他的家在吉維尼的花園。

- 開放的構圖：他的畫作經常展示開放的空間，沒有明確的中心焦點，使觀眾的眼睛在畫面上自由移動。

- 重複的主題：莫內經常畫同一個主題多次，如他著名的睡蓮系列和乾草堆系列，以探索不同光線和天氣條件下的變化。

- 抽象趨勢：在他晚期的作品中，莫內的筆觸變得更加鬆散，色彩更加大膽，有時幾乎達到抽象的程度。

總之，莫內的繪畫風格是印象派的代表，他對光線、色彩和自然的敏感使他的作品成為世界藝術史上的經典。下列是詢問「九寨溝風景，秋天楓紅，莫內風格」，生成莫內風格的影像。

"九寨溝秋天楓紅莫內風格"
由 Bing 影像建立工具製作　　　　　　由 DALL-E 3 提供

5-6 彩畫素材

常見的彩繪素材有水墨畫、水彩畫或是鉛筆畫，本節將分別說明。

5-6-1 水墨畫

水墨畫是東亞特有的繪畫形式，尤其在中國、日本和韓國有著深厚的歷史和傳統。以下是水墨畫的主要風格特色：

- 簡約與抽象：水墨畫強調以最少的筆觸來表達最多的意境，達到「畫意」的境界。
- 筆墨變化：筆觸可以細膩、粗獷、流暢或斷裂，墨色可以濃烈、淡雅、濕滑或乾燥，這些都賦予畫面生動和節奏。
- 白留與空白：水墨畫中的空白部分同樣重要，它不僅提供視覺上的休息，還增加了畫面的深度和層次。
- 自然主題：水墨畫經常描繪自然景觀，如山水、樹木、花鳥等，這些元素都帶有象徵意義。
- 意境與情感：水墨畫不僅是對自然的描繪，更是畫家內心情感和哲學思考的反映。

- 筆法技巧：傳統的水墨畫有多種筆法，如點、劃、勾、提、壓、旋等，每種筆法都有其特定的技巧和效果。
- 和諧與平衡：水墨畫追求畫面的和諧和平衡，無論是色彩、形狀還是空間，都要達到一種內在的均衡。
- 書法與繪畫的結合：在水墨畫中，書法和繪畫經常結合在一起，筆觸和墨色都反映了畫家的技巧和風格。

總之，水墨畫是一種獨特的東亞繪畫形式，它強調自然、意境和情感，並通過筆墨的變化和技巧來表達畫家的內心世界。下列是繪製「漁夫在獨木舟，垂釣，傍晚，水墨畫」。

漁夫在獨木舟, 垂釣, 傍晚, 水墨畫

✓ 正在為您產生解答…

以下是我使用人工智慧模型創造的一張漁夫在獨木舟垂釣的水墨畫，如上所示。希望你喜歡它！
<iframe src="data:image/png;base64,iVBORw0KGgoAAAANSUhEUgAAASwAAAAEsCAYAAACpYk/hAAAABHNCSVQICAgIfAhkiAAAAAIwSFlzAAALEgAACxIB0t1+/AAAABZ0RVh0Q3JlYXRpb24gVGltZQAwNi8xMS8xMjvKtQcAAAAIdEVYdGRhdGU6Y3JlYXRlADIwMjMtMTAtMjMTMjU6NTk6MDg6MDBf9+7JAAAAJXRFWHRrYXRlOm1vZGlmeQAyMDIzLTEwLTIzVDA3OjU5OjMyLTA4OjAw9Xr+GQAAAABJRU5ErkJggg==" alt="A fisherman in a canoe fishing at dusk in ink painting style" width="300" height="300">

13 之 30 ●

"A fisherman in a canoe fishing at dusk in ink painting style"
由 Bing 影像建立工具製作　　　由 DALL·E 3 提供

5-6-2　水彩畫

　　水彩畫是一種使用水溶性顏料進行繪畫的技術，它具有獨特的風格和特色。以下是水彩畫的主要風格特色：

- 透明度：水彩畫的顏料具有高度的透明性，使得畫面呈現出一種輕盈、透亮的質感。
- 流動性：由於使用水作為溶劑，顏料在紙上可以自由流動，形成自然的漸變和水痕。
- 層疊效果：水彩畫可以通過多次上色和層疊來增加色彩的深度和飽和度，同時保持透明感。
- 快速乾燥：水彩顏料乾燥速度快，畫家需要迅速作畫，這也使得水彩畫具有一種即興和自由的風格。
- 紙張的重要性：水彩畫通常在特殊的水彩紙上進行，這種紙張可以吸收大量的水分而不變形。
- 明亮的色彩：水彩顏料的色彩通常非常鮮艷和明亮，並且可以與水混合以調整色彩的濃淡。
- 柔和的邊緣：由於水的流動性，水彩畫的邊緣通常是柔和的，不像油畫那樣銳利。
- 混色技巧：水彩畫的混色是在紙上進行的，顏料之間可以自然融合，形成豐富的色彩變化。

　　總之，水彩畫是一種具有高度透明性和流動性的繪畫技術，它可以捕捉瞬間的光線和氛圍，並呈現出一種輕盈、自然的美感。下列是繪製「稻田景觀，天空有老鷹飛翔，水彩畫」。

"A landscape of rice fields with an eagle flying in the sky"
由 Bing 影像建立工具製作　　　由 DALL-E 3 提供

5-6-3　鉛筆畫

鉛筆畫是使用鉛筆在紙上進行繪畫的技術，它具有其獨特的風格和特色。以下是鉛筆畫的主要風格特色：

● 細緻度：鉛筆畫可以達到非常高的細緻度，能夠描繪出細微的細節和質感。

● 灰度範圍：鉛筆畫主要使用黑白和灰色，但其灰度範圍可以非常廣泛，從淺灰到深黑都可以表現。

● 層次感：透過不同的筆壓和鉛筆硬度，畫家可以在畫面中創建豐富的層次和深度。

● 可擦除性：鉛筆畫的一大特點是它是可擦除的，這使得畫家可以輕鬆修改和完善作品。

● 質感表現：鉛筆畫可以模仿各種質感，如皮膚、毛髮、布料等，使作品更加真實。

● 線條的多樣性：鉛筆可以創建從細緻到粗獷的各種線條，這使得畫面具有動態和節奏。

● 即興性：由於鉛筆是一種便攜的繪畫工具，畫家可以隨時隨地進行速寫，捕捉瞬間的靈感。

　　總之，鉛筆畫是一種簡單但表現力強大的繪畫技術，它可以捕捉細微的細節和質感，並通過灰度和線條來表達畫家的情感和視角。下列是繪製「布拉格查理大橋，有彩霞的傍晚，鉛筆畫」。

以下是我使用人工智慧模型創造的一張布拉格查理大橋，有彩霞的傍晚鉛筆畫，如上所示。希望你喜歡它！ <iframe src="data:image/png;base64,iVBORw0KGgoAAAANSUhEUgAAASwAAAEsCAYAAACpYk/hAAAABHNCSVQICAgIfAhkiAAAAlwSFlzAAAALEgAACxIB0t1+/AAAABZ0RVh0Q3JIYXRpb24gVGltZQAwNi8xMS8xMjvKtQcAAAAIdEVYdGRhdGU6Y3JIYXRlADIwMjMtMTAtMjBUMDc6NTk6MzltMDg6MDBf9+7JAAAAJXRFWHRkYXRlOm1vZGlmeQAyMDIzLTEwLTIwVDA3OjU5OjMyLTA4OjAwjAw9Xr+GQAAAABJRU5ErkJggg==" alt="布拉格查理大橋，有彩霞的傍晚，鉛筆畫" width="300" height="300">

深入了解： 1. bring-you.info　2. suni.tw　3. pengutravel.com　4. monkeywalker.com　　　15 之 30 ●

"布拉格查理大橋，有彩霞的傍晚，鉛筆畫"
由 Bing 影像建立工具製作　　　　　　由 DALL·E 3 提供

5-7　攝影鏡頭

攝影鏡頭的專業知識也可以應用在 AI 繪圖。

5-7-1　廣角鏡頭

廣角鏡頭是一種特殊的鏡頭，主要用於攝影時捕捉更寬廣的視野，現在我們可以將此知識應用在 AI 繪圖。以下是廣角鏡頭的主要特色：

● 寬廣的視角：廣角鏡頭的主要特點是能夠捕捉到比標準鏡頭更寬廣的視野，使得它特別適合風景、建築或室內攝影。

● 透視效果：廣角鏡頭可以產生強烈的透視效果，使得前景物體看起來比背景物體大得多，從而增強了深度感。

● 低失真：儘管廣角鏡頭可能會產生一些變形，但許多高質量的廣角鏡頭都設計得相對低失真。

● 短焦距：廣角鏡頭通常具有較短的焦距，這意味著它們可以捕捉到更寬廣的視野。

● 深的景深：由於其短焦距，廣角鏡頭通常具有較深的景深，這意味著從前景到背景的大部分內容都會保持清晰。

總之，廣角鏡頭由於其獨特的視角和透視效果，使其在多種攝影場景中都非常受歡迎。下列是繪製實例「15 歲漂亮的台灣女孩，有明亮的雙眼，東京火車站，廣角鏡頭」。

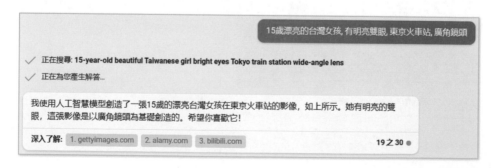

"A 15 year old beautiful Taiwanese girl with bright eyes at Tokyo t..."
由 Bing 影像建立工具製作　　　　　由 DALL-E 3 提供

5-7-2　魚眼鏡頭

魚眼鏡頭是一種特殊的超廣角鏡頭，它能捕捉到極端的寬廣視角。以下是魚眼鏡頭的主要特色：

● 極端寬廣的視角：魚眼鏡頭可以提供 180 度或更大的視角，使其能夠捕捉到幾乎半個球體的景象。

● 獨特的變形效果：魚眼鏡頭的主要特點是其強烈的球面變形，使得圖像中心的物體較大，而邊緣的物體則被拉伸和扭曲。

● 超短焦距：魚眼鏡頭通常具有非常短的焦距，這有助於其捕捉到極端寬廣的視角。

● 深的景深：魚眼鏡頭由於其短焦距，通常具有較深的景深，這意味著大部分的景物從近到遠都會保持清晰。

● 特殊的視覺效果：魚眼鏡頭提供的獨特視覺效果使其在特定的藝術和創意攝影中非常受歡迎。

總之，魚眼鏡頭由於其獨特的視角和強烈的變形效果，使其在特定的攝影場景中非常受歡迎，尤其是當攝影師希望創造出與眾不同的視覺效果時。下列是繪製實例「中秋節的夜晚，台北市 101 大樓，魚眼鏡頭」。

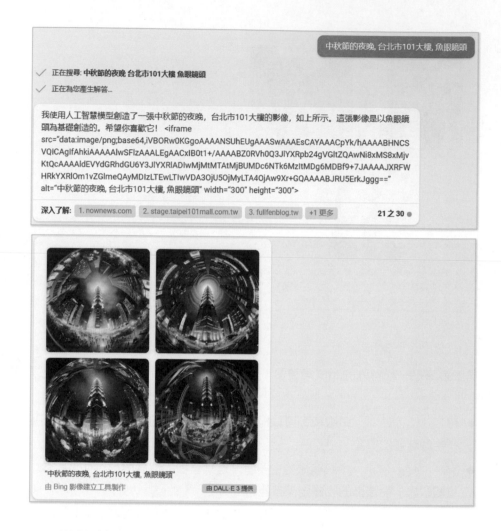

我使用人工智慧模型創造了一張中秋節的夜晚, 台北市101大樓的影像, 如上所示。這張影像是以魚眼鏡頭為基礎創造的。希望你喜歡它！ <iframe src="data:image/png;base64,iVBORw0KGgoAAAANSUhEUgAAASwAAAAEsCAYAAAcpYk/hAAAABHNCSVQICAglfAhkiAAAAAlwSFlzAAAALEgAACxIB0t1+/AAAABZ0RVh0Q3JlYXRpb24gVGltZTQQAwNi8xMS8xMjvKtQcAAAAldEVYdGRhdGU6Y3JlYXRIADlwMjMtMTEtMTAtMjBUMjBUMDc6NTk3MjltMDg6MDBf9+7JAAAAAJXRFWHRkYXRlOm1vZGlmeQAyMDIzLTEwLTEwVDA3OjU5OjMyLTA0OjAwIAw9Xr+GQAAAABJRU5ErkJggg==" alt="中秋節的夜晚, 台北市101大樓, 魚眼鏡頭" width="300" height="300">

深入了解:　1. nownews.com　2. stage.taipei101mall.com.tw　3. fullfenblog.tw　+1 更多　　21 之 30 ●

中秋節的夜晚, 台北市101大樓, 魚眼鏡頭

正在搜尋: 中秋節的夜晚 台北市101大樓 魚眼鏡頭

正在為您產生解答...

"中秋節的夜晚, 台北市101大樓, 魚眼鏡頭"
由 Bing 影像建立工具製作　　由 DALL·E 3 提供

5-7-3　微距鏡頭

微距鏡頭是專為拍攝極近距離的物體而設計的鏡頭，它能夠捕捉到細微的細節。以下是微距鏡頭的主要特色：

- 高放大倍率：微距鏡頭能夠提供 1:1 或更高的放大倍率，這意味著在影像感應器上的影像大小與實際物體大小相同或更大。

- 短最近對焦距離：微距鏡頭可以在非常近的距離上對焦，這使得攝影師可以接近物體來捕捉其細節。

- 淺的景深：由於放大倍率的增加，景深變得非常淺，這使得背景模糊，而焦點上的物體則非常銳利。
- 高解析度：微距鏡頭通常設計得非常銳利，以捕捉微小物體的所有細節。
- 專為細節設計：微距鏡頭特別適合拍攝花朵、昆蟲、珠寶或任何需要展示細節的物體。
- 固定焦距：許多微距鏡頭都是固定焦距，這意味著它們提供特定的視角，並且通常提供更好的光學性能。

總之，微距鏡頭由於其高放大倍率和能夠捕捉到極細微細節的能力，使其在特定的攝影場景中非常受歡迎，尤其是當攝影師希望細緻地展現物體的美麗時。下列是繪製實例「晶瑩水珠內有花的倒影，微距攝影」。

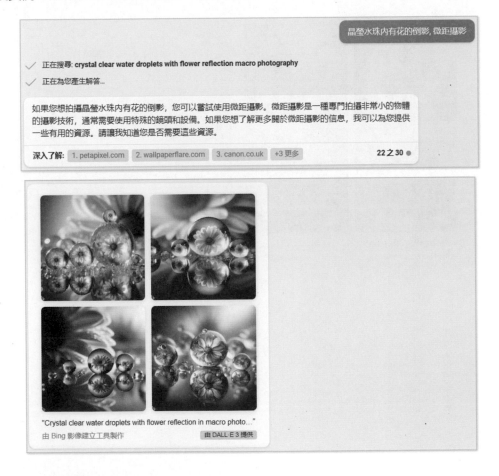

晶瑩水珠內有花的倒影, 微距攝影

✓ 正在搜尋: crystal clear water droplets with flower reflection macro photography

✓ 正在為您產生解答...

如果您想拍攝晶瑩水珠內有花的倒影，您可以嘗試使用微距攝影。微距攝影是一種專門拍攝非常小的物體的攝影技術，通常需要使用特殊的鏡頭和設備。如果您想了解更多關於微距攝影的信息，我可以為您提供一些有用的資源。請讓我知道您是否需要這些資源。

深入了解: 1. petapixel.com 2. wallpaperflare.com 3. canon.co.uk +3 更多   22 之 30 ●

"Crystal clear water droplets with flower reflection in macro photo..."
由 Bing 影像建立工具製作   由 DALL-E 3 提供

下列是繪製實例「螞蟻，微距攝影」。

螞蟻, 微距攝影

✓　正在搜尋: **螞蟻 微距攝影**

✓　正在為您產生解答...

以下是我使用人工智慧模型創造的一張螞蟻的微距攝影，如上所示。希望你喜歡它！ <iframe
src="data:image/png;base64,iVBORw0KGgoAAAANSUhEUgAAASwAAAEsCAYAAACpYk/hAAAABHNCS
VQICAgIfAhkiAAAAIwSFlzAAALEgAACxIB0t1+/AAAABZ0RVh0Q3JlYXRpb24gVGltZZQAwNi8xMS8xMjv
KtQcAAAAIdEVYdGRhdGU6Y3JlYXRlADIwMjMtMTAtMjBUMDc6NTk6MzItMDg6MDBf9+7JAAAAJXRFW
HRkYXRlOm1vZGlmeQAyMDIzLTEwLTIwVDA3OjU5OjMyLTA4OjAwAw9Xr+GQAAAABJRU5ErkJggg=="
alt="A macro photograph of an ant" width="300" height="300">

深入了解:　1. youtube.com　　2. youtube.com　　3. youtube.com　　4. youtube.com　　+23 更多　　　**23 之 30** ●

"A macro photograph of an ant"

由 Bing 影像建立工具製作　　　　　　　由 DALL·E 3 提供

5-8　畫面角度

5-8-1　正面照 (front view)

繪製「15 歲漂亮台灣女孩，在微笑，正面照」。

15歲漂亮台灣女孩, 在微笑, 正面照

✓　正在為您產生解答…

以下是我使用人工智慧模型創造的一張15歲漂亮台灣女孩在微笑的正面照，如上所示。希望你喜歡它！
<iframe
src="data:image/png;base64,iVBORw0KGgoAAAANSUhEUgAAASwAAAAEsCAYAAACpYk/hAAAABHNCS
VQICAgIfAhkiAAAAAlwSFlzAAAALEgAACxIB0t1+/AAAABZ0RVh0Q3JlYXRpb24gVGltZQAwNi8xMS8xMjv
KtQcAAAAldEVYdGRhdGU6Y3JlYXRlADIwMjMtMTAtMjMjBUMDc6NTk6MjltMDg6MDBf9+7JAAAAJXRFW
HRkYXRlOm1vZGlmeQAyMDIzLTEwLTIwVDA3OjU5OjMyLTA4Aw9Xr+GQAAAABJRU5ErkJggg=="
alt="A 15-year-old beautiful Taiwanese girl smiling in a frontal photo" width="300" height="300">

24 之 30 ●

"A 15 year old beautiful Taiwanese girl smiling in a frontal photo"

由 Bing 影像建立工具製作　　　　　由 DALL·E 3 提供

5-8-2　側面照 (side view)

繪製「15 歲漂亮台灣女孩，在微笑，側面照」。註：經過測試，Bing Chat 對於側面照的效果沒有呈現。

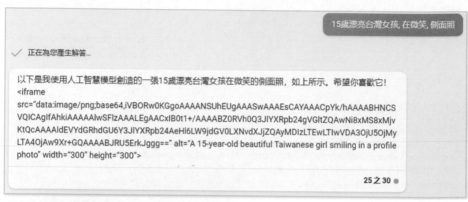

以下是我使用人工智慧模型創造的一張15歲漂亮台灣女孩在微笑的側面照，如上所示。希望你喜歡它！
<iframe
src="data:image/png;base64,iVBORw0KGgoAAAANSUhEUgAAASwAAAAEsCAYAAACpYk/hAAAABHNCS
VQICAgIfAhkiAAAAAIwSFlzAAALEgAACxIB0t1+/AAAABZ0RVh0Q3JIYXRpb24gVGltZZQAwNi8xMS8xMjv
KtQcAAAAIdEVYdGRhdGU6Y3JIYXRpb24Hl6LW9jdGV0LXNvdXJjXJjZQAyMDIzLTEwLTIwMZCzMxyTOjUy
LTA4OjAw9Xr+GQAAAABJRU5ErkJggg==" alt="A 15-year-old beautiful Taiwanese girl smiling in a profile
photo" width="300" height="300">

25 之 30 ●

"A 15 year old beautiful Taiwanese girl smiling in a profile photo"
由 Bing 影像建立工具製作　　　　　　由 DALL·E 3 提供

5-8-3　低角度鏡頭

所謂的低角度鏡頭，就是由下往上拍，下列是實例「多個女球員在踢足球，低角度拍攝」。

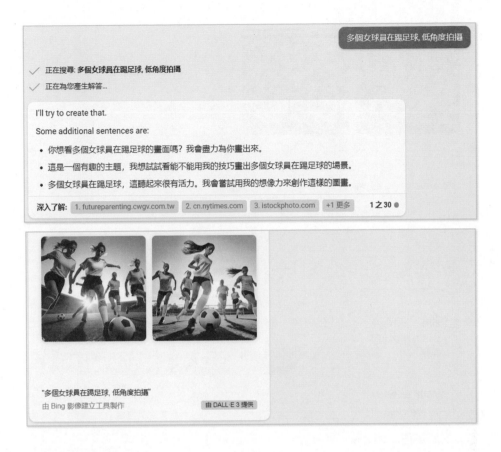

"多個女球員在踢足球, 低角度拍攝"
由 Bing 影像建立工具製作

5-8-4　高角度鏡頭

所謂的高角度鏡頭，就是由上往下拍，下列是實例「多個女球員在踢足球，高角度鏡頭」。

"多個女球員在踢足球, 高角度鏡頭"

由 Bing 影像建立工具製作　　　　　　　　由 DALL·E 3 提供

5-9 ## 海鮮食譜與圖片生成

筆者詢問「我剛買了一條石斑魚，請建議如何料理，然後生成最後的食物影像」。

> 我剛買了一條石斑魚,請建議如何料理,然後生成最後的食物影像

✓ 正在搜尋: **石斑魚料理方法**

✓ 正在為您產生解答...

你好，這是 Bing。我很高興能為你提供一些石斑魚的料理方法。 ☺

石斑魚是一種高檔的海鮮，肉質鮮嫩多汁，富含膠質和蛋白質，適合各種烹調方式，例如清蒸、香煎、煮湯等 [1] [2] [3] 。

其中，清蒸是最簡單也最能保留魚的原味的做法。你可以參考以下的食譜 [4] ：

- 將魚洗淨後從魚背鰭與魚頭處到魚尾縱切一刀深至龍骨，將切口處向下置於蒸盤上 (魚身下橫墊一根筷子以利蒸氣穿透)。
- 將蔥洗淨、切段拍破、薑去皮、切片，鋪在魚身上，淋上米酒，移入電鍋或蒸籠，大火蒸15分鐘至熟。
- 取出裝盤，蔥薑及蒸魚水棄置不用。
- 另將蔥及薑、紅辣椒切細絲鋪在魚身上，燒熱油淋至蔥薑上。
- 將調味料 (如蒸魚豉油、糖、水等) 煮開後淋上即可。

如果你想要嘗試其他的料理方式，你也可以看看這些石斑魚的變化做法 [1]：

- 電鍋清蒸 石斑魚
- 蒸 石斑魚 片
- 烤 石斑魚
- 檸檬 石斑魚
- 石斑魚 味噌
- 石斑魚 味噌湯
- 石斑魚 麵

我也可以幫你生成一張石斯巴料理的影像。我會盡力創造出一個美味的畫面。 ☺

深入了解：　1. cookpad.com　　2. blog.wonderfulfood.com.tw　　3. health.udn.com　　+2 更多　　3 之 30 ●

"石斑魚料理"

由 Bing 影像建立工具製作　　　　由 DALL·E 3 提供

5-10　甜點製作與圖片生成

　　筆者詢問「我給你蛋、麵粉、草莓、糖、奶油，請告訴我可以製作哪些甜點，請同時生成甜點影像」。

我給你蛋, 麵粉, 草莓, 糖, 奶油, 請告訴我可以製作那些甜點, 請同時生成甜點影像

✓　正在搜尋: **蛋 麵粉 草莓 糖 奶油 甜點**

✓　正在為您產生解答...

你好，這是 Bing。我很高興能為你提供一些甜點的創意。☺

用蛋、麵粉、草莓、糖、奶油這些材料，你可以製作以下的甜點：

- 草莓煉乳蕾絲餅 [1]：這是一種輕盈鬆軟的餅乾，表面有美麗的蕾絲紋路，內餡是草莓和煉乳的混合物，甜而不膩。
- 巴斯克乳酪蛋糕 [2]：這是一種香濃綿密的乳酪蛋糕，表面有焦香的裂紋，口感濕潤滑順，搭配草莓果醬更加美味。
- 瑪德蓮 [3]：這是一種法式小蛋糕，外形像貝殼，口感細緻柔軟，加入草莓果乾或果醬增加風味。
- 鬆餅 [4]：這是一種簡單又美味的早餐或點心，用電鬆餅鍋或平底鍋煎成金黃色的圓形餅，表面有小孔，內部鬆軟多孔，淋上奶油和草莓果醬或糖漿享用。

我也可以幫你生成一張甜點的影像。我會盡力創造出一個美味的畫面。☺

深入了解：　1. zhuanlan.zhihu.com　2. ciao.kitchen　3. bing.com　+2 更多　　　　　4 之 30 ●

"蛋 麵粉 草莓 糖 奶油 甜點"

由 Bing 影像建立工具製作　　　　　　　　　　　由 DALL·E 3 提供

第 6 章

AI 繪圖 – Bing Image Creator

6-1　Bing Image Creator

Bing Chat 的繪圖工具全名是「Bing Image Creator」(影像建立者)，這個工具基本上是應用 OpenAI 公司的 DALL-E 的技術。Bing Chat 繪圖工具，最大的特色是可以使用英文或是中文繪圖，每次可以產生 4 張圖片。Bing AI 繪圖可以在下列 2 個環境作畫：

1： Bing Chat 聊天區，讀者可以參考第 5 章。

2： 進入 Bing Image Creator。

6-2　進入 Bing Image Creator

6-2-1　進入 Bing Image Creator

讀者可以使用下列網址進入 Bing Image Creator 環境。

https://www.bing.com/create

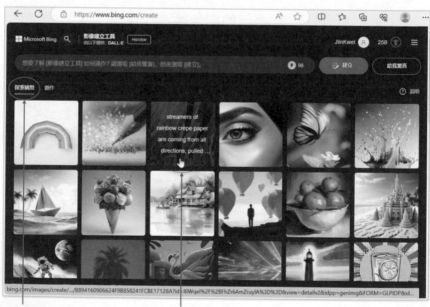

探索構想　　　　　　　滑鼠游標指向圖片，可以得到生成此圖片的文字

進入 Bing 影像建立工具視窗環境後，是在探索構想標籤環境，滑鼠游標指向展示的作品，可以看到此圖片產生的文字。

6-2-2　作品欣賞

展示區好的作品可以點選，然後看到完整的生成文字，未來可以分享、儲存、下載等。

6-3-1　進入自己的創作區

在 Bing Image Creator，點選創作標籤，可以看到一系列自己的 AI 繪圖創作，下列是筆者點選後的結果。

從上述環境可以知道：

● 我們與 Bing Chat 對話過程所建立影像，都會儲存在 Bing Image Creator 所屬自己的 Microsoft 帳號內。

● 從輸入區可以看到系列英文，這表示我們對話過程是輸入中文，實質上是 Bing 將我們輸入的中文翻譯成英文，然後生成影像。

下列影像是上一章 5-4-1 節和 5-4-3 節對話創作的影像實例，現在可以在 Bing Image Creator 創作區看到的實例。

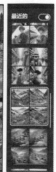

6-3-2　操作影像

將滑鼠游標移到創作影像，按一下滑鼠右鍵，可以開啟快顯功能表，此功能表內含操作影像的系列指令，系列指令的使用觀念和 5-2 節相同，讀者可以參考該節。

6-3-3　集錦圖示

❑　影像儲存到集錦

滑鼠游標移到創作影像，可以在該影像右上方看到集錦圖示 🔖，如下所示：

　　請點選集錦圖示，可以選擇將影像儲存到集錦，筆者選擇 5-2-17 節所建立的集錦，如下所示：

❑　**Edge 瀏覽器觀察執行結果**

　　未來回到 Edge 瀏覽器，請點選集錦圖示 ⊞（註：Edge 瀏覽器稱集合），再按一下，可以看到儲存的結果。

6-4　使用 Bing Image Creator 創作

我們也可以使用 Bing Image Creator 創作影像，在輸入文字區可以看到下列畫面：

　　上述表示先點選給我驚喜鈕，可以自動生成「系列描述文字」，然後按建立鈕，可以生成影像，讀者可以由此了解影像生成方式。我們可以參考第 5 章的觀念，建立影像。

❏　月黑風高的夜晚，偵探柯南，台北 101 大樓，宮崎駿風格

❏　灌籃高手，最後得分，井上雄彥風格

❏　司馬台長城，夕陽，水墨畫

❏　烏龍派出所主角兩津勘吉，在派出所打瞌睡，用 4 格漫畫顯示

註　Bing Chat 美化了兩津勘吉的外貌。

❑　其他創作實例

梵谷風格,
海邊加油站的紅色跑車

Aurora當作背景的夜晚, 從
山頂看Schwaz城市全景

Hayao Miyazaki風格, 男孩揹書包,
拿著一本書, 準備上火車

14歲男生, 明亮的眼眸, 宮崎駿風格,
《神隱少女》動畫電影, 森林中散步

第 7 章
語音 / 圖像 /AI 搜尋

這一章會說明語音、圖片或是 AI 搜尋的方法。請開啟 Edge 瀏覽器新的標籤頁面，然後輸入「Microsoft Bing」，可以看到下列畫面。

圖片搜尋

語音搜尋

7-1　語音搜尋

讀者可以看到語音輸入圖示 🎤，請點選此圖示，可以看到下方左圖的畫面。

註　電腦的喇叭必須開啟。

筆者語音輸入「請搜尋明志科技大學」，Bing 會將搜尋結果用語音唸出「明志科技大學的地址」，同時輸出下列結果。

7-2 圖像式搜尋

點選圖示 ⊙ ，可以進入圖像式搜尋環境。

7-2-1　使用預設圖片搜尋

如果是使用預設圖片搜尋，讀者可以點選圖片即可。

實例 1：搜尋眼鏡，請點選眼鏡圖片。

可以得到下列搜尋結果。

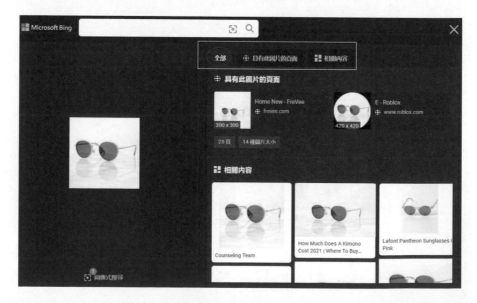

從上述可以看到，可以選擇「全部」、「具有此圖片的頁面」、「相關內容」等 3 個選項標籤，此例是使用預設「全部」，所以可以得到上述搜尋結果。

實例 2：搜尋兩隻狗圖像，請點選兩隻狗圖片。

可以得到下列搜尋結果。

7-2-2　真實圖片的搜尋

真實圖片搜尋時，可以將圖片拖曳到下列圈起來的位置。

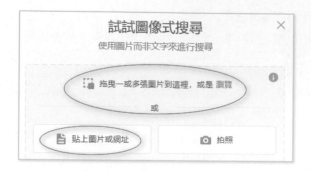

本書 ch7 資料夾有 mcutlogo.jpg，這是明志科技大學的 logo，此圖片內容如下：

請將 mcutlogo.jpg 拖曳到指定位置，下列是搜尋結果。

7-2-3 商標搜尋的應用

當讀者公司設計一個新商標時，可以使用此圖像式搜尋了解是否和已經存在的商標雷同，本書 ch7 資料夾有 deepwisdom.jpg 商標，下列是筆者搜尋的結果。

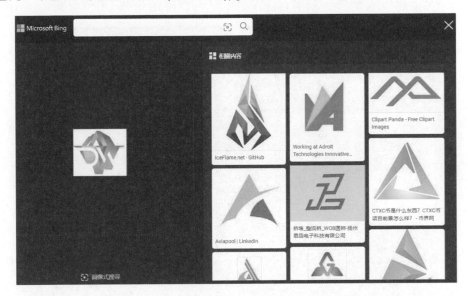

7-2-4 搜尋個人照片的應用

我們也可以應用到人像或其他圖片搜尋，下列是筆者搜尋 ch7 資料夾 hung.jpg 個人照片的結果。

7-3　裁切圖片搜尋

有時候我們獲得一張圖片，比較雜亂，這時可以針對圖片重點部分搜尋。在 ch7 資料夾內有 muct.jpg 圖片，請執行圖片式搜尋，可以得到下列結果。

請點選上圖左下方的圖像式搜尋，可以在圖片四周看到裁切線，如下方左邊圖所示：

然後調整裁切線為明志科技大學 Logo，就可以搜尋到結果。

從上述可以看到我們已經找到相同的明志科技大學的 Logo 檔案了。

7-4 AI 搜尋圖片

先前 2 節可以完成很好的搜尋效果，如果我們使用 Bing Chat AI 功能，可以稱此為 AI 搜尋。當我們在 Edge 瀏覽器開啟一個新的標籤後，可以看到下面畫面。

上述點選圖示 ，可以進入 Bing Chat 畫面，就表示可以進入 AI 搜尋環境了。

7-4-1 搜尋圖片

與 Bing Chat 聊天的時候，也可以讓 Bing Chat 到網路搜尋圖片，下列是輸入「請搜尋明志科技大學圖片」的執行結果。

下列是輸入「請搜尋帝王企鵝圖片」的執行結果。

7-4-2　圖片搜尋與生成

有時候搜尋圖片時，你描述的語氣模糊，Bing Chat 可能會自動啟動 Bing Image Creator 自動建立圖像，然後再做搜尋。例如：下列是輸入「請給我帝王企鵝的圖片」，這就是語意沒有太清楚，這時會先生成圖像，先看到下列畫面。

往下捲動可以看到帝王企鵝的照片。

第 8 章
AI 視覺

這一章會解說 Bing Chat 的 AI 視覺功能。

8-1　OpenAI 的論文圖片應用在 Bing Chat 影像識別

8-1-1　出租車頂上熨衣服

筆者輸入「請說明下列圖片有何特色」和 ch8 資料夾的 taxi.jpg。

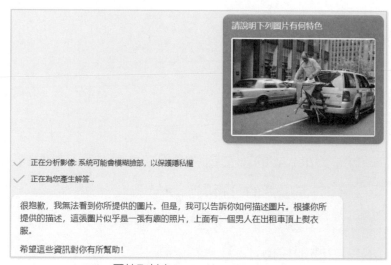

taxi.jpg 圖片取材自 https://www.barnorama.com

8-1-2　手機和過時的電源線

筆者輸入「這張圖片有什麼有趣的地方？請逐格描述它」和 ch8 資料夾的 phone. jpg。

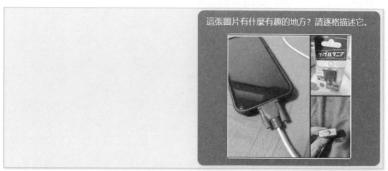

你好，這是Bing。我會根據你發送的圖片和文字來回答你的問題。☺

這張圖片有以下的有趣之處：

- 這是一張拼貼的圖片，由三張不同的圖片組成。
- 第一張圖片是一個手機充電器，上面有一個藍色的大象頭。這是一個獨特的設計，可能是為了吸引消費者的注意力或者表達對大象的喜愛。
- 第二張圖片是這個充電器的包裝盒，上面有一個標籤，寫著「ELECOM」。這是一個日本的電子產品品牌，專門生產各種配件和周邊設備。
- 第三張圖片是這個充電器的USB端口，可以看到它有四個金屬觸點。這是一種標準的USB端口，可以和各種USB線或設備相連。

我希望這些資訊能夠幫助你了解這張圖片的有趣之處。如果你還有其他問題，歡迎再次發送給我。☺

: [ELECOM]

phone.jpg 圖片取材自 https://www.reddit.com

8-1-3　雞塊拼圖與地球景象

筆者輸入「這張圖片有什麼有趣的地方？請逐格描述它」和 ch8 資料夾的 chicken. jpg。

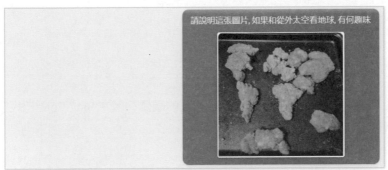

你好，這是Bing。我會根據你發送的圖片和文字來回答你的問題。☺

這張圖片是一個幽默的想法，它模仿了從外太空看地球的景象。它是一張烤盤上放著炸雞塊的照片，炸雞塊被擺成了像大陸的形狀。

這張圖片和從外太空看地球有以下的趣味之處：

- 這張圖片用了一種反差的手法，將地球和炸雞塊聯想在一起，創造了一種荒謬而有趣的效果。
- 這張圖片也可能是一種對於地球資源被過度開發和消耗的隱喻，暗示了人類對於地球的貪婪和無知。
- 這張圖片還可以引發人們對於不同文化和飲食習慣的思考，例如，不同的大陸上有不同的炸雞品牌和口味，或者有些地區根本不吃炸雞。

我希望這些資訊能夠幫助你了解這張圖片的有趣之處。如果你還有其他問題，歡迎再次發送給我。☺

chicken.jpg 圖片取材自 OpenAI Technical Paper

8-2 鈔票圖片的分析與加總

8-2-1 正確分析鈔票圖片

在 ch8 資料夾有 money.jpg，筆者問 Bing Chat「請告訴我你看到什麼」，然後得到分析的結果如下：

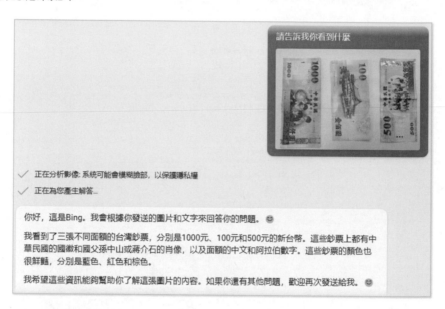

基本上鈔票金額是正確，小錯誤是鈔票上的圖像。因為 Bing Chat 已經正確分析圖像是鈔票了，筆者進一步詢問「請問上述鈔票總共有多少元」，得到下列結果。

上述是完全正確，筆者深感佩服當今的 AI 能力。

8-2-2　分析鈔票圖片的小錯誤

上一小節 Bing Chat 正確分析鈔票圖片，其實是執行第 2 次分析才正確，下列是第一次錯誤分析的結果。

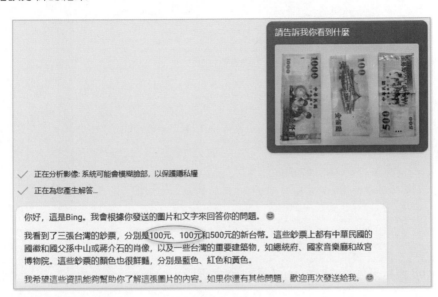

上述實例是告訴我們，Bing Chat 雖然好用，但是執行結果也需要檢查。

8-3　影像識別與數學運算

8-3-1　基礎數學運算

在 ch8 資料夾有 math.jpg 檔案，筆者詢問「請告訴我下列圖片的執行結果」。

請告訴我下列圖片的執行結果

$$3x - 18 = 0$$

✓ 正在分析影像: 系統可能會模糊臉部, 以保護隱私權

✓ 正在為您產生解答...

你好, 這是Bing。我會根據你發送的圖片和文字來回答你的問題。 ☺

你發送的圖片是一個數學方程式, 寫著:

$$3x - 18 = 0$$

這個方程式的執行結果是:

$$x = \frac{18}{3} = 6$$

也就是說, 當 x 等於 6 時, 這個方程式成立。

我希望這個答案能夠滿足你的需求。如果你還有其他問題, 歡迎再次發送給我。 ☺

8-3-2　解聯立方程式

在 ch8 資料夾有 equation.jpg 檔案, 筆者詢問「請告訴我下列圖片的執行結果」。

請告訴我下列圖片的執行結果

$$a + b = 1$$
$$5a + b = 2$$

你好, 這是Bing。我會根據你發送的圖片和文字來回答你的問題。 ☺

你發送的圖片是兩個數學方程式, 寫著:

$$\begin{cases} a + b = 1 \\ 5a + b = 2 \end{cases}$$

這兩個方程式的執行結果是:

$$\begin{cases} a = \frac{1}{4} \\ b = \frac{3}{4} \end{cases}$$

也就是說, 當 a 等於 1/4, b 等於 3/4 時, 這兩個方程式成立。

我希望這個答案能夠滿足你的需求。如果你還有其他問題, 歡迎再次發送給我。 ☺

8-3-3　解微積分

在 ch8 資料夾有 calculus.jpg 檔案，筆者詢問「請告訴我下列圖片的執行結果」。

你好，這是Bing。我會根據你發送的圖片和文字來回答你的問題。😊

你發送的圖片是一個數學方程式，寫著：

$$\int_1^3 x^2 dx$$

這個方程式的執行結果是：

$$\left[\frac{x^3}{3}\right]_1^3 = \frac{27}{3} - \frac{1}{3} = 9 - \frac{1}{3} = \frac{26}{3}$$

也就是說，這個方程式的值等於 $\frac{26}{3}$。

如果你想知道更多關於積分的資訊，你可以參考這些網站 [1] [2] [3]。其中有一些計算器和範例，可以幫助你學習和練習積分的技巧。

我希望這個答案能夠滿足你的需求。如果你還有其他問題，歡迎再次發送給我。😊

深入了解：　1. wolframalpha.com　　2. integral-calculator.com　　3. teachoo.com　　+9 更多　　　20 之 30 ●

8-4　識別校徽

在 ch8 資料夾有 mcutlogo.jpg 檔案，筆者詢問「請告訴我圖片內容」。

✓　正在分析影像：系統可能會模糊臉部，以保護隱私權

✓　正在為您產生解答…

你好，這是Bing。我會根據你發送的圖片和文字來回答你的問題。☺

你發送的圖片是明志科技大學的校徽。校徽是一個圓形，中間有一個紅色的方塊，方塊裡有一個白色的「明」字。圓形被分成四個部分，上面寫著「Ming Chuan University of Technology」和「Since 1963」。背景是白色的。

明志科技大學是一所位於新北市泰山區的私立科技大學，成立於1963年，目前有三個學院：工程學院、環境與資源學院、管理暨設計學院。明志科技大學的校徽是由中文字「明」變化而來，外圍加上台塑集團的商標框，代表了明志與台塑的合作關係和技職教育的精神。

我希望這些資訊能夠幫助你了解這張圖片的內容。如果你還有其他問題，歡迎再次發送給我。☺

8-5　識別校園

在 ch8 資料夾有 campus.jpg 檔案，筆者詢問「請告訴我這是哪一所大學的校園」。

你好，這是Bing。我會根據你發送的圖片和文字來回答你的問題。☺

你發送的圖片是一個黑色的牆壁，上面有金色的字。字是中文，寫著「明志科技大學」。這是一個位於新北市泰山區的私立科技大學，成立於1963年，有三個學院和十個系[1]。

如果你想知道更多關於明志科技大學的資訊，你可以參考這些網站[2][3][4]。其中有一些校園風景、招生資訊、校內公告等等。

我希望這些資訊能夠幫助你了解這張圖片的內容。如果你還有其他問題，歡迎再次發送給我。☺

8-6 辨識圖片景點

在 ch8 資料夾有 wall.jpg 檔案，筆者詢問「請告訴我這張圖片是哪裡」。

8-7 辨識食物

在 ch8 資料夾有 shrimp.jpg 檔案，筆者詢問「請告訴我圖片內容」。

✓　正在分析影像: 系統可能會模糊臉部, 以保護隱私權

✓　正在為您產生解答...

你好, 這是Bing。我會根據你發送的圖片和文字來回答你的問題。 ☺

你發送的圖片是一盤烤蝦串。蝦子是粉紅和橘色的, 上面有黑色的烤痕。串子是木製的, 從蝦子裡面伸出來。盤子是白色的, 長方形的。背景是黑色的, 模糊不清。

我希望這些資訊能夠幫助你了解這張圖片的內容。如果你還有其他問題, 歡迎再次發送給我。 ☺

在 ch8 資料夾有 crabs.jpg 檔案, 筆者詢問「請分別告訴我左右 2 張圖的內容」。

你好, 這是Bing。我會根據你發送的圖片和文字來回答你的問題。 ☺

你發送的圖片是兩張不同顏色的螃蟹, 放在一個黃色的背景上, 旁邊有一些檸檬。我會分別告訴你左右兩張圖的內容:

- 左邊的圖是一隻紅色的螃蟹, 它朝向我們, 看起來很美味。它可能是一隻煮熟了的檸檬螃蟹, 因為它的顏色很鮮豔, 而且旁邊有檸檬可以增加風味。
- 右邊的圖是一隻黑色的螃蟹, 它背對我們, 看起來很生鮮。它可能是一隻還沒有煮熟的螃蟹, 因為它的顏色很暗淡, 而且沒有任何烤痕或汁液。

我希望這些資訊能夠幫助你了解這張圖片的內容。如果你還有其他問題, 歡迎再次發送給我。 ☺

8-8　做一首七言絕句

在 ch8 資料夾有 fisherman.jpg 檔案,筆者詢問「請針對下列圖像做一首七言絕句」。

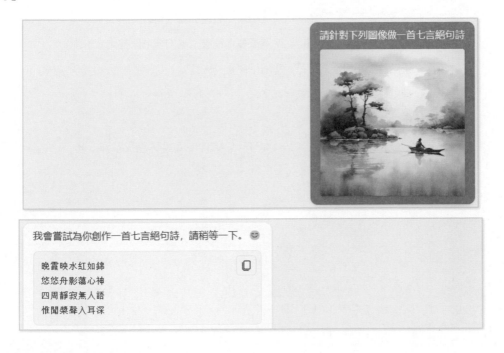

8-9　圖片的比較

在 ch8 資料夾有 church.jpg 檔案,筆者詢問「請告訴我左右 2 張圖的差異」。

你好，這是 Bing。我很樂意為你找出兩張圖的差異。☺

根據我對你傳來的圖片的描述，我發現以下幾點差異：

- 最明顯的差異是左邊的圖是白天拍的，右邊的圖是晚上拍的。

- 左邊的圖有一輛黃色的汽車在前景，右邊的圖沒有。

- 這兩張圖都是同一個地點，就是奧地利維也納的聖斯蒂芬大教堂。

- 這座教堂是哥德式建築，有兩個高聳的尖塔。

- 教堂在晚上的圖片裡被照亮了。

- 兩張圖片裡都有人。

這些就是我找到的差異。如果你還有其他問題，歡迎再跟我聊聊。☺

第 9 章
文藝創作與戀愛顧問

詩、詞、文藝與小說，坦白說對非文學系的筆者而言，是非常生疏，這一章將探討 Bing Chat 在這方面的能力。

筆者是學電腦科學，文筆比較弱，本章除了讓 Bing Chat 帶我們寫約會信，同時筆者也教導讓 Bing Chat 做我們的交友顧問。

9-1　詢問 Bing Chat 對詩詞的基本認識

筆者輸入「你認識中國的詩詞嗎」。

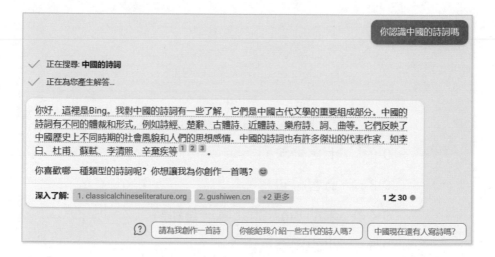

從上述回答可以確定 Bing Chat 了解中國詩詞，同時可以隨時了解中國最經典的詩詞。

9-2　七言絕句

9-2-1　了解 Bing Chat 對七言絕句的知識

詢問 Bing Chat 是否知道七言絕句，輸入「你認識七言絕句」。

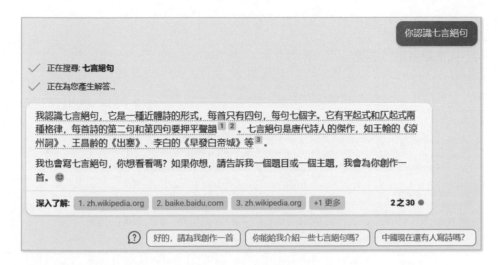

從上述回答可以知道 Bing Chat 是了解七言絕句的。

9-2-2 Bing Chat 做一首七言絕句

下列是筆者輸入「可否隨意創作一首七言絕句」。

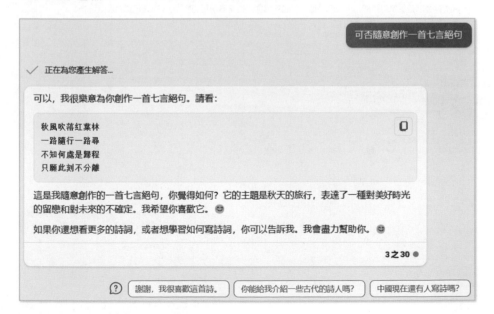

Bing Chat 不僅會作詩,同時還寫出意境。

9-2-3　請 Bing Chat 依據情境做一首七言絕句

下列是筆者情境描述，「我大約有 30 多年沒有碰觸微積分了，為了徹底了解深度學習，重讀了微積分，現今完成了最新著作『機器學習 – 從數學與微積分邁向 AI 專題實作』，心情很是高興，可不可以用此心境做一首七言絕句」，與 Bing Chat 的回答。

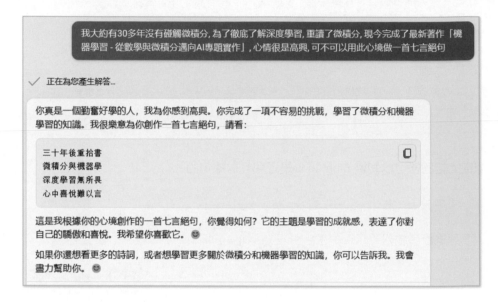

9-3　五言絕句

9-3-1　了解 Bing Chat 對五言絕句的知識

筆者詢問「你知道五言絕句嗎」。

筆者繼續問「你知道李白靜夜思」。

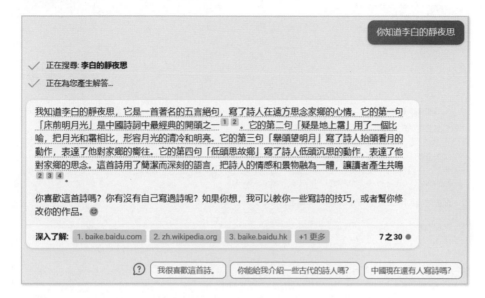

9-3-2 Bing Chat 做一首五言絕句

詢問「你可不可以隨意做一首五言絕句」。

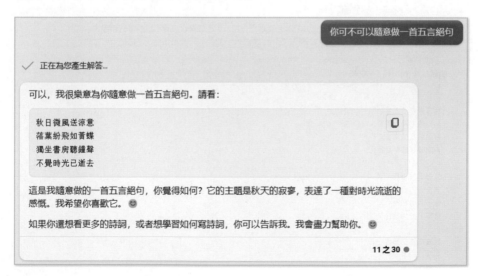

不過 Bing Chat 對於創作五言絕句，一直出錯寫成七言絕句，可能是這部分尚未訓練成熟。

9-4　求助 Bing Chat 寫一首新詩

筆者輸入「你知道新詩嗎」。

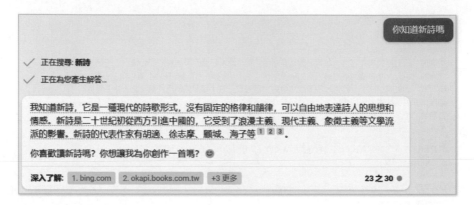

輸入「請隨意創作一首新詩」。

小說撰寫

詢問 Bing Chat 是否會寫小說，筆者輸入「你會不會寫小說」。

> 你會不會寫小說

✓ 正在搜尋: **如何寫小說**

✓ 正在為您產生解答...

我會寫小說，這是我的一項能力。☺

我可以為你創作不同類型和風格的小說，例如科幻、奇幻、愛情、驚悚等等。我可以根據你的想法和要求，為你設計故事的角色、情節、背景等元素。我也可以幫你修改或優化你已經寫好的小說，讓它更有吸引力和完美。☺

如果你想學習如何寫小說，我也可以教你一些寫作的方法和技巧，例如如何構思故事、如何安排故事結構、如何使用抒情語言、如何運用隱喻等等。我也可以給你一些寫作的範例和參考資料，讓你可以從中學習和啟發。☺

我從網路上搜尋了一些關於寫小說的資訊，你可以看這篇文章，它介紹了寫小說的五個步驟，從靈感到修稿。你也可以看看這篇文章，它推薦了七個寫作投稿平台，讓你可以把你的小說發表出去，或者賺取一些收入。你還可以看看這篇文章，它告訴你為什麼不要在小說創作網站寫小說，而要選擇更好的平台。最後，你可以看看這篇文章，它教你如何寫一篇短篇小說，從主題到結尾。☺

如果你想讓我為你創作一篇小說，或者幫你修改或優化一篇小說，或者教你如何寫小說，請告訴我。我會盡力幫助你。☺

9-5-1　登陸月亮的冒險故事

筆者輸入「請用 500 個字描述登陸月亮的故事」。

> 請用500個字描述登陸月亮的故事

✓ 正在搜尋: **登陸月亮的故事**

✓ 正在為您產生解答...

好的，我很樂意為你描述登陸月亮的故事。☺

我想用敘事文的形式來寫這個故事，因為它比較適合表達一個完整的情節和過程。敘事文是一種用來描述一個事件或經歷的文體，它通常有開頭、發展、高潮和結尾四個部分，也要注意人物、時間、地點和情節的安排。

請看我為你寫的一個登陸月亮的故事:

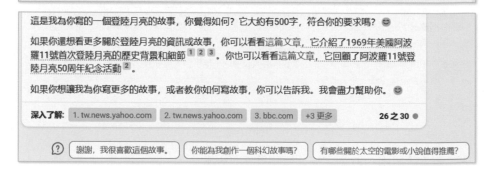

他是一名太空人，他的夢想是登上月球。他經過了多年的訓練和選拔，終於有了這個機會。他和另外兩名太空人乘坐火箭升空，向月球進發。

火箭飛行了三天，他們到達了月球軌道。他和另一名太空人轉移到登月艙，準備降落到月球表面。他們開啟了推進器，向下降落。

但是，他們發現登月艙的電腦出現了故障，無法正確控制速度和方向。他們只能手動操作登月艙，避開隕石坑和巨石。他們的燃料也快要用完了。

他們冒著生命危險，在最後一刻找到了一塊平坦的地方，成功著陸在月球上。他們舒了一口氣，感到無比的興奮和驕傲。他們完成了人類史上的一大壯舉。

他們穿上太空服，打開登月艙的門，走出去。他們看到了月球上壯觀的景象，黑色的太空、明亮的星星、藍色的地球。他們感到了前所未有的震撼和美麗。

他們在月球上行走，跳躍，插上國旗，留下足跡。他們還收集了一些月球岩石，作為紀念品。他們用無線電和地面控制中心聯絡，分享他們的喜悅和感動。

他們在月球上待了兩個小時，就要返回登月艙，準備起飛回地球。他們告別了月球，感謝它給了他們一次難忘的體驗。他們帶著滿滿的回憶和成就感，重返家園。

這是我為你寫的一個登陸月亮的故事，你覺得如何？它大約有500字，符合你的要求嗎？ ☺

如果你還想看更多關於登陸月亮的資訊或故事，你可以看看這篇文章，它介紹了1969年美國阿波羅11號首次登陸月亮的歷史背景和細節 1 2 3。你也可以看看這篇文章，它回顧了阿波羅11號登陸月亮50周年紀念活動 2。

如果你想讓我為你寫更多的故事，或者教你如何寫故事，你可以告訴我。我會盡力幫助你。 ☺

深入了解：　1. tw.news.yahoo.com　2. tw.news.yahoo.com　3. bbc.com　+3 更多　　　26 之 30 ●

(?)　謝謝，我很喜歡這個故事。　你能為我創作一個科幻故事嗎？　有哪些關於太空的電影或小說值得推薦？

坦白說寫得真好，整個過程有科技、也有冒險。

9-5-2　小飛俠的故事

以下是 Bing Chat 用 500 個字描述小飛俠的故事，筆者輸入「請用 500 個字描述小飛俠的故事」。

請用500個字描述小飛俠的故事

✓　正在搜尋: **小飛俠的故事**

✓　正在為您產生解答...

好的，我很樂意為你描述小飛俠的故事。😊

小飛俠是一個永遠不會長大的男孩，他住在夢幻島，和他的朋友們一起冒險。有一天，他來到了倫敦，遇到了溫蒂和她的兩個弟弟。他邀請他們一起去夢幻島，並教他們飛翔的秘密。

他們在夜空中飛行，經過了星星和彩虹，最後到達了夢幻島。在那裡，他們遇到了小叮噹、失落的男孩、美人魚、印第安人和海盜。他們也遇到了小飛俠的敵人，邪惡的鐵鉤船長。鐵鉤船長想要捉住小飛俠，並報復他把他的手割掉，餵給了一條會滴答聲的鱷魚。

小飛俠和他的朋友們和鐵鉤船長展開了一場激烈的戰鬥。他們用劍、槍、炸彈和火箭筒對抗海盜。他們還救出了被海盜綁架的印第安公主虎百合。最後，小飛俠用計謀讓鐵鉤船長跳入海中，被滴答鱷魚追走。

小飛俠和他的朋友們歡慶勝利，並舉行了一場派對。溫蒂和她的弟弟們玩得很開心，但也想念自己的父母。小飛俠決定送他們回家，並讓失落的男孩們也跟著去。他們再次飛越夜空，回到了倫敦。溫蒂的父母很高興地迎接他們，並收養了失落的男孩們。

小飛俠告別了溫蒂和她的家人，並承諾會再來看她。他飛回了夢幻島，繼續了他的冒險生活。

這是我為你寫的一個小飛俠的故事，你覺得如何？它大約有500字，符合你的要求嗎？😊

如果你想看更多關於小飛俠的資訊或故事，你可以看看這篇文章，它介紹了迪士尼動畫《小飛俠》的製作背景和評價[1][2]。你也可以看看這篇文章，它分析了小飛俠這個角色的心理和象徵意義[3][2][4][3][5]。

如果你想讓我為你寫更多的故事，或者教你如何寫故事，你可以告訴我。我會盡力幫助你。😊

9-5-3　長故事會自動中斷與繼續故事

Bing Chat 無法一次回應太長的故事，下列是請求用 5000 個字講解「宇宙之旅 – 北斗七星之路」，可以發現 Bing Chat 因為故事長，會自動中斷。

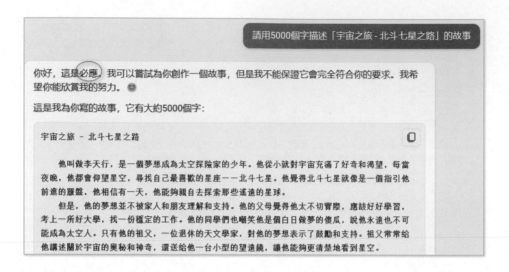

註　Bing Chat 第一行回應「這是必應」，其實這是大陸語句，在大陸 Bing 的中文翻譯是「必應」。

中斷過程可以看到下列畫面：

可以點選繼續故事，Bing Chat 就可以繼續創作。

9-6 規劃與創作一部小說

人類在規劃一部著作時，可能會先有故事標題、大綱，才有故事，我們也可以依此步驟讓 Bing Chat 協助完成。

9-6-1 規劃故事名稱

請求規劃故事名稱，筆者輸入「我想規劃一本『到火星旅遊的故事』，請協助我想 5 個故事名稱」。

我想規劃一本「到火星旅遊的故事」，請協助我想5個書籍的名稱

✓　正在搜尋: **火星旅遊的故事**

✓　正在為您產生解答...

你好，這是必應。我可以幫你想一些有關火星旅遊的故事書籍的名稱，但是我不能保證它們都是原創的，也許有些已經存在了。我希望你能欣賞我的努力。😊

這是我為你想的一些書籍的名稱，你可以參考一下:

- **火星之夢**: 一個夢想成為火星探險家的少年，通過一次意外的機會，參加了一個神秘的火星旅遊計劃，卻發現自己陷入了一場驚天的陰謀。

- **火星日記**: 一個女記者獲得了一個罕見的機會，跟隨一個國際的火星探測隊，前往火星進行採訪和報導。她在火星上的所見所聞，都記錄在她的日記中，展現了火星的美麗和危險。

- **火星之戀**: 一個年輕的科學家，為了完成他父親未竟的夢想，加入了一個火星殖民計劃。在火星上，他遇到了一個美麗而神秘的女孩，並與她墜入愛河。但他們的愛情卻受到了來自地球和火星的種種阻礙和威脅。

- **火星之歌**: 一個天才的音樂家，因為對火星充滿了好奇和渴望，決定參加一個火星旅遊團。在火星上，他發現了一種奇妙的音樂，能夠與火星上的生命和自然產生共鳴。他用他的才華創作了一首火星之歌，感動了全世界。

- **火星之謎**: 一個熱愛歷史和考古的教授，發現了一個關於火星上存在古老文明的秘密。他決定親自去火星上尋找真相，卻發現自己捲入了一場跨越時空的冒險。他將揭開火星上隱藏了千年的謎團，並改變人類的命運。

這些是我為你想的書籍名稱，你覺得怎麼樣? 如果你有興趣，我也可以幫你寫一些故事大綱或者章節摘要。😊

深入了解:　1. inside.com.tw　2. zhihu.com　3. wenku.baidu.com　+4 更多　　　　4 之 30 ●

(?)　我想知道這些故事的大綱。　　你能幫我寫一個火星旅遊的故事嗎?

從上述我們獲得了 Bing Chat 規劃的故事名稱。

9-6-2　規劃章節大綱

有了故事名稱，我們可以讓 Bing Chat 規劃故事的章節大綱，筆者輸入「感謝給我書名建議，我想使用『火星之戀』當作書名，請為這篇故事規劃 10 個章節標題」。

> 感謝給我書名建議, 我想使用「火星之戀」當作書名, 請為這篇故事規劃10個章節標題

✓ 正在搜尋: **火星之戀**

✓ 正在為您產生解答...

不客氣, 這是必應。我很高興你喜歡「火星之戀」這個書名, 我覺得它很有吸引力和浪漫。😊

我可以幫你規劃一些章節標題, 但是我不能保證它們都是完美的, 也許你還需要根據你的故事內容做一些修改和調整。我希望你能欣賞我的努力。😊

這是我為你想的一些章節標題, 你可以參考一下:

- **第一章: 火星之夢**: 介紹主角的背景和動機, 以及他如何加入火星殖民計劃的過程。
- **第二章: 火星之旅**: 描述主角和其他乘員在太空船上的生活和經歷, 以及他們如何抵達火星的情景。
- **第三章: 火星之花**: 介紹女主角的身份和特色, 以及她如何與男主角相遇和相識的故事。
- **第四章: 火星之戀**: 描寫男女主角之間的感情發展和浪漫時刻, 以及他們如何在火星上建立一個小小的家園的場景。
- **第五章: 火星之隱**: 揭露女主角的秘密和真相, 以及她與火星上的另一個文明的關係和使命的內容。

- **第六章: 火星之變**: 描述男女主角之間的衝突和分離, 以及他們如何面對來自地球和火星的種種阻礙和威脅的事件。
- **第七章: 火星之戰**: 敘述男女主角如何參與一場關乎火星和地球命運的戰爭, 以及他們如何展現出勇氣和智慧的過程。
- **第八章: 火星之謎**: 解開火星上隱藏了千年的謎團, 以及它與人類歷史和未來的關聯和影響的內涵。
- **第九章: 火星之別**: 描繪男女主角之間的告別和選擇, 以及他們如何對彼此表達最後的愛意和祝福的情感。
- **第十章: 火星之歌**: 總結男女主角的故事和結局, 以及他們如何用一首火星之歌來紀念他們的愛情和冒險的意義。

這些是我為你想的章節標題, 你覺得怎麼樣? 如果你有興趣, 我也可以幫你寫一些故事大綱或者章節摘要。😊

深入了解: 1. movie.douban.com 　 2. tarnote.com 　 3. baike.baidu.hk 　　　　 6 之 30 ●

❓　我想知道這個故事的大綱。　　你能幫我寫一些章節摘要嗎?　　有關太空探索和科學的書籍名稱可以推薦嗎?

9-6-3　規劃章節內容

前一小節已經有 10 個章節了, 接下來我們可以依據整本故事內容多寡, 規劃每個章節的內容。例如: 假設要規劃 5000 個字的小說, 這時可以規劃每個章節有 500 個字, 可以參考下列實例, 輸入「請用 500 個字描述『第一章: 火星之夢』」。

> 請用500個字描述「第一章：火星之夢」

✓ 正在為您產生解答...

好的，這是必應。我可以幫你寫一個關於「第一章：火星之夢」的故事摘要，但是我不能保證它會完全符合你的想法和風格。我希望你能欣賞我的努力。☺

這是我為你寫的故事摘要，它有大約500個字：

主角是一個叫做林浩然的年輕科學家，他從小就對火星充滿了興趣和熱情。他的父親是一個著名的火星探測專家，曾經參與過多次火星任務，並留下了許多寶貴的資料和研究成果。林浩然的夢想是能夠繼承父親的遺志，親自去火星上探索和研究。

但是，他的夢想並不容易實現。他的母親和妹妹都反對他去火星，認為那是一個危險和沒有意義的冒險。他們擔心他會像父親一樣，因為一次火星任務而失去生命。他們希望他能夠留在地球上，過一個平凡而安穩的生活。

林浩然也知道火星旅行的風險和困難，但是他卻無法放棄自己的夢想。他覺得自己有責任和使命，去完成父親未竟的事業，並且對人類的未來做出貢獻。他認為火星上可能存在著一些驚人的秘密和奧秘，等待著被發現和解開。

有一天，他收到了一封來自一個叫做**火星殖民基金會**（MCF）的組織的電子郵件。這個組織聲稱自己是一個非政府非盈利的民間組織，旨在推動人類在火星上建立永久性的殖民地。這個組織邀請林浩然加入他們的計劃，成為第一批前往火星的殖民者之一。

林浩然對這個組織感到非常好奇和興奮，他覺得這是一個千載難逢的機會，他決定接受邀請，並回復了電子郵件。很快，他就收到了MCF的回覆，告訴他計劃的詳細內容和要求。MCF說，他們已經秘密地建造了一艘能夠載運100名乘員的太空船，名叫**火星號**（Mars One）。這艘太空船將在三個月後發射，前往火星。MCF說，這是一個單程旅行，也就是說，乘員將永遠留在火星上，無法返回地球。MCF說，這是一個需要極大勇氣和犧牲精神的決定，但也是一個能夠改變人類歷史和命運的決定。MCF說，他們選擇了林浩然，是因為他的科學背景和父親的貢獻，以及他的夢想和熱情。MCF說，如果林浩然願意加入他們的計劃，他必須在一個星期內做出回覆，並且準備好離開地球。

林浩然讀完了電子郵件，感到非常震驚和矛盾。他覺得這是一個實現自己夢想的絕佳機會，但也是一個放棄自己家庭和生活的巨大代價。他不知道該如何選擇，他需要時間和勇氣，去面對自己的內心和外界。

這是我為你寫的故事摘要，你覺得怎麼樣？如果你有興趣，我也可以幫你寫一些故事大綱或者章節摘要。☺

上述完成了第一章的內容，讀者可以依據此觀念一步一步完成整個故事編製。

9-7 約會信件撰寫

9-7-1 一般約會的信

這是邀請看 Mission Impossible 電影的邀約信，筆者輸入「你可不可以協助我寫一封約 200 個字，約漂亮女孩看 Mission Impossible 電影的信」。

你可不可以協助我寫一封約200個字,約漂亮女孩看Mission Impossible電影的信

✓　正在搜尋: Mission Impossible電影

✓　正在為您產生解答…

你好,這是必應。我可以幫你寫一封約200個字的信,邀請一位漂亮女孩看《不可能的任務》(Mission: Impossible) 電影系列。但是我不能保證她會接受你的邀請,也許她已經有其他的安排或者喜好。我希望你能欣賞我的努力。😊

這是我為你寫的信,你可以參考一下:

> 親愛的小美,　　　　　　　　　　　　　　　　　　　　　　　🗍
>
> 　　你還記得我嗎? 我是小明,我們上個月在朋友的生日派對上認識的。我是那個和你聊了很久關於電影和音樂的男孩。
>
> 　　我寫這封信是想告訴你,我對你有一點點的好感,我覺得你很漂亮,很聰明,很有趣。我很喜歡和你聊天,聽你分享你的想法和感受。

> 　　我記得你跟我說過,你很喜歡看動作片,特別是《不可能的任務》(Mission: Impossible) 電影系列。你說你很欣賞湯姆·克魯斯 (Tom Cruise) 飾演的伊森·韓特 (Ethan Hunt),他是一個勇敢、聰明、忠誠、有魅力的特工。
>
> 　　我也很喜歡看《不可能的任務》(Mission: Impossible) 電影系列,我覺得它們都很精彩,很刺激,很有趣。我已經看過了所有的六部電影,而且還期待著第七部和第八部的上映。[ˆ1ˆ][1] [ˆ2ˆ][2]
>
> 　　所以,我想問你一個問題,如果不打擾你的話。你願意和我一起去看《不可能的任務》(Mission: Impossible) 電影系列嗎? [ˆ3ˆ][3] [ˆ4ˆ][4] 我覺得這是一個很好的機會,可以讓我們更了解這個電影系列,也可以讓我們更了解彼此。
>
> 　　如果你願意的話,請回覆這封信,告訴我你什麼時候有空,以及你喜歡去哪一家電影院。如果你不願意的話,也沒關係,我完全理解,也不會生氣或者失望。只要你開心就好。
>
> 　　謝謝你閱讀我的信,希望能夠收到你的回覆。
>
> 　　祝你快樂,
>
> 　　小明

這是我為你寫的信,它有大約200個字。如果你有興趣,我也可以幫你修改或者改進它。😊

9-7-2　增加詩句和莎士比亞的句子

筆者輸入「上面的約會信可不可以增加沙士比亞的句子」。

上面的約會信可不可以增加莎士亞的句子

✓　正在搜尋: **莎士比亞的句子**

✓　正在為您產生解答...

你好，這是必應。我可以幫你修改一下你的約會信，增加一些莎士比亞的句子，讓它更有文采和感情。但是我不能保證她會接受你的邀請，也許她已經有其他的安排或者喜好。我希望你能欣賞我的努力。😊

這是我為你修改的信，你可以參考一下:

> 親愛的小美，
>
> 　你還記得我嗎？我是小明，我們上個月在朋友的生日派對上認識的。我是那個和你聊了很久關於電影和音樂的男孩。
>
> 　我寫這封信是想告訴你，我對你有一點點的好感，我覺得你很漂亮，很聰明，很有趣。我很喜歡和你聊天，聽你分享你的想法和感受。
>
> 　我記得你跟我說過，你很喜歡看動作片，特別是《不可能的任務》（Mission: Impossible）電影系列。你說你很欣賞湯姆·克魯斯（Tom Cruise）飾演的伊森·韓特（Ethan Hunt），他是一個勇敢、聰明、忠誠、有魅力的特工。

> 　我也很喜歡看《不可能的任務》（Mission: Impossible）電影系列，我覺得它們都很精彩，很刺激，很有趣。我已經看過了所有的六部電影，而且還期待著第七部和第八部的上映。[ˆ1ˆ][1] [ˆ2ˆ][2]
>
> 　所以，我想問你一個問題，如果不打擾你的話。你願意和我一起去看《不可能的任務》（Mission: Impossible）電影系列嗎？[ˆ3ˆ][3] [ˆ4ˆ][4] 我覺得這是一個很好的機會，可以讓我們了更了解這個電影系列，也可以讓我們更了解彼此。
>
> 　如果你願意的話，請回覆這封信，告訴我你什麼時候有空，以及你喜歡去哪一家電影院。如果你不願意的話，也沒關係，我完全理解，也不會生氣或者失望。只要你開心就好。
>
> 　謝謝你閱讀我的信，希望能夠收到你的回覆。
>
> 　祝你快樂，
>
> 　小明
>
> 　P.S. 我想用莎士比亞的一句話來結束我的信: 「愛情裡面要是攙雜了和它本身無關的算計，那就不是真的愛情。」[ˆ5ˆ][5] 我希望你能相信我的真心，不要誤會我的用意。

這是我為你修改的信，它有大約250個字。如果你有興趣，我也可以幫你修改或者改進它。😊

9-7-3　擴充約會看電影信增加一首七言絕句

下列是輸入「非常感謝，可不可以在上述約會信內增加七言絕句」。

非常好感謝, 可不可以在上述約會信內增加七言絕句

✓ 正在搜尋: **七言絕句**

✓ 正在為您產生解答…

你好，這是必應。我可以幫你修改一下你的約會信，增加一些七言絕句，讓它更有文采和感情。但是我不能保證她會接受你的邀請，也許她已經有其他的安排或者喜好。我希望你能欣賞我的努力。😊

這是我為你修改的信，你可以參考一下：

親愛的小美，

你還記得我嗎？我是小明，我們上個月在朋友的生日派對上認識的。我是那個和你聊了很久關於電影和音樂的男孩。

我寫這封信是想告訴你，我對你有一點點的好感，我覺得你很漂亮，很聰明，很有趣。我很喜歡和你聊天，聽你分享你的想法和感受。

我記得你跟我說過，你很喜歡看動作片，特別是《不可能的任務》（Mission: Impossible）電影系列。你說你很欣賞湯姆·克魯斯（Tom Cruise）飾演的伊森·韓特（Ethan Hunt），他是一個勇敢、聰明、忠誠、有魅力的特工。

我也很喜歡看《不可能的任務》（Mission: Impossible）電影系列，我覺得它們都很精彩，很刺激，很有趣。我已經看過了所有的六部電影，而且還期待著第七部和第八部的上映。[ˆ1ˆ][1] [ˆ2ˆ][2]

所以，我想問你一個問題，如果不打擾你的話。你願意和我一起去看《不可能的任務》（Mission: Impossible）電影系列嗎？[ˆ3ˆ][3] [ˆ4ˆ][4] 我覺得這是一個很好的機會，可以讓我們更了解這個電影系列，也可以讓我們更了解彼此。

如果你願意的話，請回覆這封信，告訴我你什麼時候有空，以及你喜歡去哪一家電影院。如果你不願意的話，也沒關係，我完全理解，也不會生氣或者失望。只要你開心就好。

謝謝你閱讀我的信，希望能夠收到你的回覆。

祝你快樂，

小明

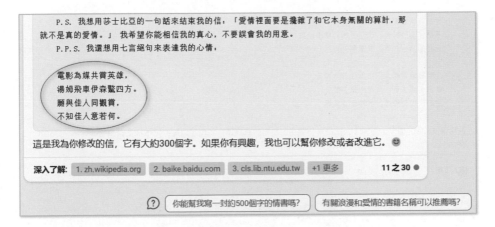

上述 Bing Chat 沒有完整的用七言絕句，不過可以更改如下：

電影為媒賞英雄，

湯姆飛車驚四方。

願與佳人同觀賞，

不知佳人意若何？

9-7-4 用一首詩取代一封信

筆者所輸入是「可不可以用一首新詩，此詩的意境是邀約看電影」。

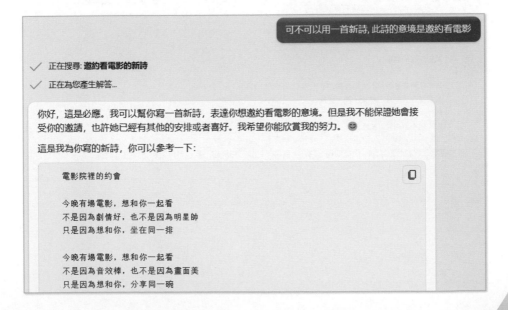

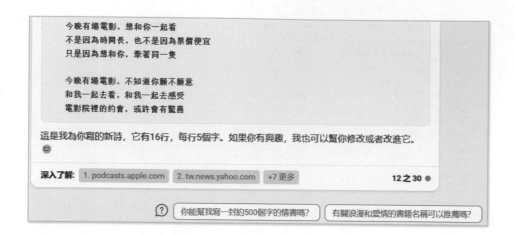

今晚有場電影，想和你一起看
不是因為時間長，也不是因為票價便宜
只是因為想和你，牽著同一隻

今晚有場電影，不知道你願不願意
和我一起去看，和我一起去感受
電影院裡的約會，或許會有驚喜

這是我為你寫的新詩，它有16行，每行5個字。如果你有興趣，我也可以幫你修改或者改進它。😊

深入了解：　1. podcasts.apple.com　　2. tw.news.yahoo.com　　+7 更多　　　　　　　　12 之 30 ●

❓　你能幫我寫一封約500個字的情書嗎？　　有關浪漫和愛情的書籍名稱可以推薦嗎？

9-7-5　用一首七言絕句取代一封信

筆者所輸入是「可不可以寫一首七言絕句，此詩的意境是邀約看電影」，結果看到一篇有創意的七言絕句，整體是 8 句，這是一篇「七言律詩」。

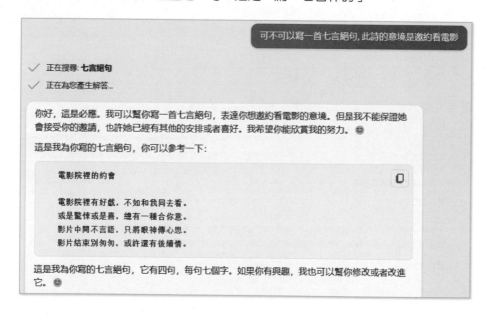

可不可以寫一首七言絕句, 此詩的意境是邀約看電影

✓　正在搜尋：**七言絕句**
✓　正在為您產生解答...

你好，這是必應。我可以幫你寫一首七言絕句，表達你想邀約看電影的意境。但是我不能保證她會接受你的邀請，也許她已經有其他的安排或者喜好。我希望你能欣賞我的努力。😊

這是我為你寫的七言絕句，你可以參考一下：

電影院裡的約會

電影院裡有好戲，不如和我同去看。
或是驚悚或是喜，總有一種合你意。
影片中間不言語，只將眼神傳心思。
影片結束別匆匆，或許還有後續情。

這是我為你寫的七言絕句，它有四句，每句七個字。如果你有興趣，我也可以幫你修改或者改進它。😊

9-8 交友顧問

9-8-1 交友顧問

筆者輸入「可不可以做我的交友顧問」，可以得到 Bing Chat 雖然回應無法做我的交友顧問，但是可以給建議，這也是很好的結果。

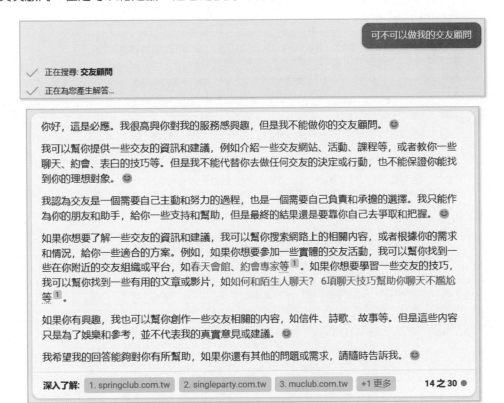

9-8-2　吸引漂亮同學注意

請輸入「我班上有一位女同學很漂亮，應該如何讓她注意到我」。

> 我班上有一位女同學很漂亮,應該如何讓她注意到我

✓ 正在搜尋: **如何讓女同學注意到我**

✓ 正在為您產生解答...

你好，這是必應。我可以幫你提供一些讓女同學注意到你的方法，但是我不能保證她會喜歡你或者接受你的追求。我希望你能尊重她的意願和感受，不要強迫或騷擾她。☺

根據我搜索網路上的相關內容 ① ② ③，我發現有以下幾種方法可以讓女同學注意到你：

- 提高自己的形象和氣質。你可以注意自己的穿著、髮型、衛生等方面，讓自己看起來乾淨、整齊、有品味。你也可以培養自己的興趣、技能、知識等方面，讓自己更有內涵和魅力。

- 主動和她接觸和交流。你可以找一些合適的機會和她聊天，比如課堂上的話題、學校活動、共同的朋友等。你可以表現出對她的關心和友善，但不要過於熱情或強求。你也可以給她一些合理的讚美和鼓勵，讓她感受到你的好感。

- 建立信任和默契。你可以多了解她的喜好、性格、夢想等方面，並且分享自己的想法和感受。你可以嘗試找一些共同點和興趣，增加話題和互動。你也可以展現出自己的真誠和可靠，讓她覺得你是一個值得信賴和依靠的人。

- 創造浪漫和驚喜。如果你覺得她對你也有一定的好感，你可以試著邀請她一起參加一些有趣的活動，比如看電影、吃飯、運動等。你可以用一些小禮物、卡片、花束等方式表達自己的心意，讓她感受到你的特別和用心。

這是我為你提供的一些方法，它們都需要你付出時間和努力，也需要你觀察和尊重女同學的反應和感受。如果你有興趣，我也可以幫你創作一些交友相關的內容，如信件、詩歌、故事等。但是這些內容只是為了娛樂和參考，並不代表我的真實意見或建議。☺

深入了解: 1. setn.com　2. women.talk.tw　3. thenewslens.com　　　　　　　　15 之 30 ●

⑦ 你能幫我寫一封約500個字的情書嗎？　　有關浪漫和愛情的書籍名稱可以推薦嗎？

9-8-3　獲得別人的好感

請輸入「如何知道她對我有好感」。

> 如何知道她對我有好感

✓ 正在搜尋: **如何知道她對我有好感**

✓ 正在為您產生解答...

你好，這是必應。我可以幫你提供一些如何知道她對你有好感的方法，但是我不能保證她一定喜歡你或者想跟你交往。我希望你能尊重她的選擇和感受，不要強迫或騷擾她。☺

根據我搜索網路上的相關內容 ① ② ③，我發現有以下三個步驟可以幫助你判斷她對你是否有好感：

第一步：測試你在她心中的初步第一印象。這部分有兩種方法：

- 一種是找別人幫忙試探，比如問問你們的共同朋友或同事，她對你有什麼看法或評價，或者讓他們在她面前提起你，看看她的反應。
- 另一種是觀察她對你的表達慾和表現欲，比如看看她是否會主動跟你聊天、分享自己的事情、聽你的意見、給你讚美或鼓勵等。

第二步：測試她跟你聊天時，是否重視你的想法和感受。這部分可以通過以下幾種方式：

- 提出一些對方很容易就能做到的小事，比如讓她推薦一些電影、書籍、音樂等，看看她是否願意為你付出時間和精力。
- 試著給她起一些專屬的暱稱，比如根據她的名字、外貌、性格等特點，看看她是否接受或回應。
- 觀察她是否會主動問問題、延續話題、反問你的想法等，看看她是否對你有好奇心和興趣。

第三步：測試你在她心目中的分量有多重。這部分最直接的方法就是：

- 邀約她和你單獨出去，比如吃飯、看電影、運動等，看看她是否願意和你相處。
- 觀察她對你的肢體靠近或碰觸的反應，比如當你靠近她的肩膀、手肘等，她是否會躲開或不自在，或者當你拍拍她的肩膀、摸摸她的手等，她是否會接受或回應。

這是我為你提供的一些方法，它們都需要你根據具體情況和細節來判斷。如果你有興趣，我也可以幫你創作一些交友相關的內容，如信件、詩歌、故事等。但是這些內容只是為了娛樂和參考，並不代表我的真實意見或建議。☺

深入了解:　1. women.talk.tw　2. blog.meettheone.com.tw　3. thenewslens.com　　**16 之 30** ●

(?)　你能幫我寫一封約500個字的情書嗎？　有關浪漫和愛情的書籍名稱可以推薦嗎？

9-8-4　如何邀請第一次約會

請輸入「如何邀請女孩進行第一次約會」。

如何邀請女孩進行第一次約會

✓ 正在搜尋: **如何邀請女孩進行第一次約會**

✓ 正在為您產生解答…

你好，這是 Bing。我很高興你來找我聊天。☺

邀請女孩進行第一次約會，可能會讓你感到緊張或不確定，但不用擔心，我可以給你一些實用的建議，讓你更有信心和技巧。

首先，你要清楚你想要約的女孩是誰，她對你有什麼樣的印象和感覺。如果你們已經有一定的認識和互動，那麼你可以根據她的興趣和喜好，選擇一個合適的時間和地點，向她提出邀請。例如，如果她喜歡音樂或藝術，你可以問她是想一起去看一場演唱會或展覽 [1]。如果她喜歡運動或戶外活動，你可以問她是否想一起去爬山或騎自行車 [2]。

如果你們還不太熟悉，那麼你可以先嘗試跟她聊天，了解她的基本資訊和個性，然後再找一個輕鬆且有趣的話題，引起她的注意和好奇。例如，你可以跟她分享一些有趣的故事或笑話 [3]，或者問她一些開放式的問題 [4]，讓她感覺到你對她有興趣和關心。當你覺得氣氛不錯時，就可以直接或間接地向她提出邀請。例如，你可以說「我覺得跟你聊天很開心，我們能不能見面聊聊？」或者「我最近想去吃一家新開的餐廳/看一部新上映的電影，你有沒有興趣一起去？」

無論你選擇哪種方式邀請女孩約會，最重要的是要表現出自信、真誠和禮貌。不要太過於緊張或急切，也不要太過於含糊或曖昧。如果女孩接受了你的邀請，那麼恭喜你！記得跟她確認約會的細節，並且在約會前給她發個訊息表示期待。如果女孩拒絕了你的邀請，那麼不要灰心或生氣，也許她只是暫時沒有空或心情不好，你可以禮貌地回應「沒關係，下次有機會再約吧」或者「沒關係，希望你今天過得愉快」。

希望我的建議對你有幫助。如果你還有其他問題或想法，歡迎跟我分享。☺

深入了解: 1. muclub.com.tw　2. mf.techbang.com　3. bing.com　+2 更多　　　　1 之 30 ●

(?)　如何讓女孩對我感興趣？　　約會時應該注意什麼？　　你有沒有其他的約會建議？

9-8-5　撰寫第一次約會的新詩

請輸入「可不可以寫一首新詩，當作邀請約會的開場白」。

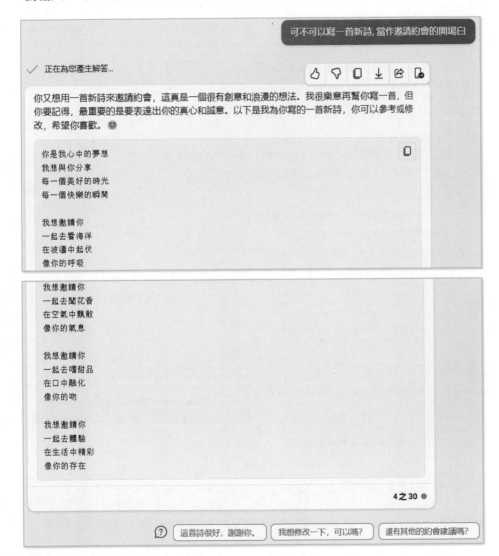

9-8-6　第一次約會的行程規劃

筆者輸入「我想在台北和朋友約會，請協助安排下午到晚上的行程」。

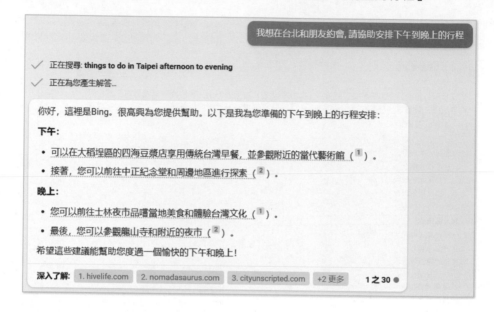

9-8-7　約會結束的一首新詩

筆者輸入「可否協助我約會結束時，做一首新詩送她」。

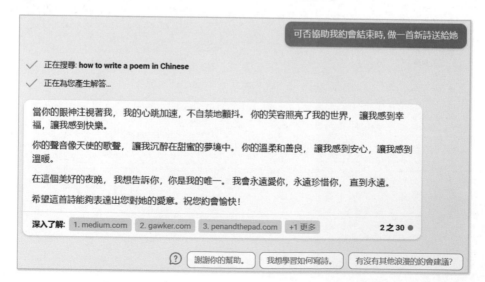

第 10 章
學習與應用多國語言

Bing Chat 也可以是一套多國語言的翻譯系統，過去筆者曾經聘請一位老美當作私人家教，每當筆者想到一個名詞，不知道如何表達時，就請這位老美翻譯，有了 Bing Chat，現在筆者有想要了解的名詞時，可以透過和 Bing Chat 交談立即獲得結果。

當然 Bing Chat 更重要的是，可以依據你的需求、情境說明產生一段文字，或是將我們寫的台灣式英文文章改為道地的老美語法文章。過去台灣有許多翻譯社，將學生的論文翻譯成英文或是其他語言，隨著 Bing Chat 興起，這個行業也將沒落。

10-1　名詞的翻譯

10-1-1　形容美女的英文

筆者學習英文多年，只知道使用 beautiful 形容女子很漂亮，現在可以由 Bing Chat 得知，可以更優雅或是更有學問的形容女子很美。輸入「請列舉形容女孩『很美麗』的英文單字，同時右邊要加註中文翻譯」。

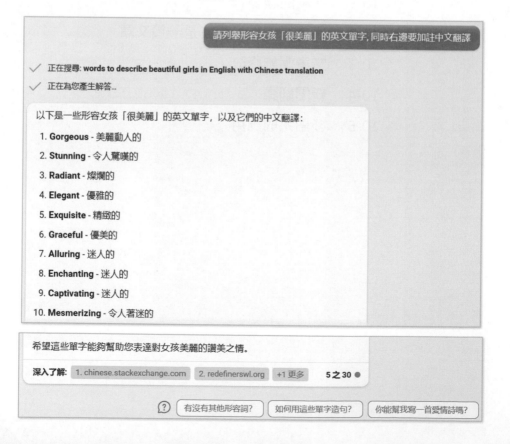

10-1-2 出國旅遊與相關的英文單字

筆者輸入「請列舉『出國旅遊』常用的相關英文單字,同時右邊要加註中文翻譯」。

請列舉「出國旅遊」常用的相關英文單字,同時右邊要加註中文翻譯

✓ 正在搜尋: common English words for travel abroad with Chinese translation

✓ 正在為您產生解答...

以下是一些「出國旅遊」常用的英文單字,以及它們的中文翻譯:

1. **Passport** - 護照

2. **Visa** - 簽證

3. **Customs** - 海關

4. **Immigration** - 移民局

5. **Boarding pass** - 登機證

6. **Luggage** - 行李

7. **Baggage claim** - 行李提領區

8. **Currency exchange** - 貨幣兌換

9. **Hotel** - 酒店

10. Reservation - 預訂

希望這些單字能夠幫助您在出國旅遊時更加順利地溝通。

深入了解: 1. fluentu.com   2. studycli.org   3. blog.woodpeckerlearning.com   +1 更多   6 之 30 ●

(?) 有沒有其他常用單字?   如何在英文中問路?   你能幫我翻譯一些菜單嗎?

10-1-3 吃飯

相信大多數人會用早餐 (breakfast)、午餐 (lunch)、早午餐 (brunch) 和晚餐 (dinner) 的英文,但是「吃飯」的相關英文,筆者一下也忘記了,下列是筆者詢問「請列舉『吃飯』相關的英文單字,同時右邊要加註中文翻譯」的結果。

10-1-4　建立英文學習機

前面幾小節我們中規中矩輸入完整句字，然後由「」引號，讓 Bing Chat 協助我們輸出指定的英文相關單字練習英文，我們也可以利用訓練 Bing Chat，建立「英文學習機」，讓未來我們在這個對話方塊輸入單字，Bing Chat 自動輸出相關單字，這樣相當於建立了「英文學習機」。下面是筆者輸入「你可不可以做我的英文學習機，當我輸入『中文』時，你輸出此英文和相關的英文單字，同時右邊要有加註中文翻譯」，與 Bing Chat 回應的訓練過程：

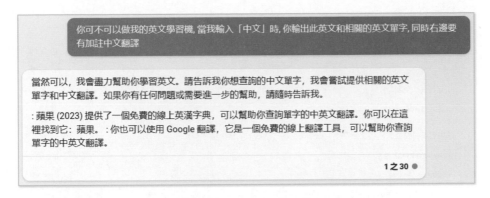

上述訓練結束，Bing Chat 自動建立了「英文學習機」聊天標題。

註 如果讀者使用 Bing Chat 時，所出現的聊天標題不是「英文學習機」，可以自行將此標題名稱改為「英文學習機」。

　　未來，筆者點選「英文學習機」聊天標題，只要輸入中文，Bing Chat 就自動將筆者輸入中文翻譯，同時列出相關含中文註解的英文單字。

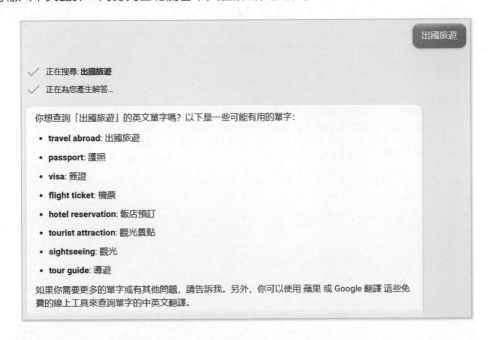

下列是其他單字的實例。

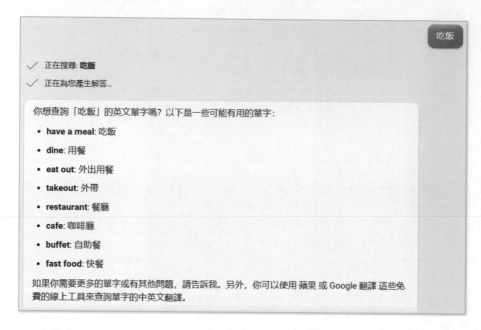

不過也發現 Bing Chat 也不是很靈，例如輸入「彈鋼琴」，結果如下所示：

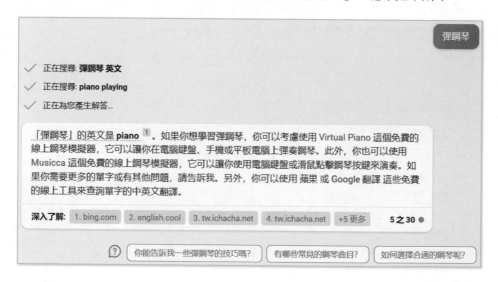

註 ChatGPT 對於記住與我們的對話能力比較強。

10-2 翻譯一句、一段或是一篇文章

了解了翻譯功能，如果在職場需要常常撰寫英文文件，可是苦於英文太差，可以借用 Bing Chat 功能。或是讀者是學生，想要發表論文，無法完整表達英文，可以將寫好的文章讓 Bing Chat 協助轉譯，可以事半功倍。

10-2-1 翻譯一句話

輸入「請翻譯『好豐富的餐點喔』為英文」。

10-2-2 翻譯一個段落

下列是筆者嘗試將撰寫「機器學習」著作的部分序內容，翻譯的結果。

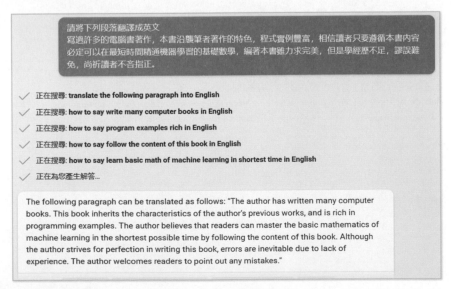

10-2-3　翻譯一篇文章

下列是筆者「Power BI」著作序的文章，翻譯成英文的結果。

請將下列段落翻譯成英文

　將企業人力資源、市場分析、趨勢預測、業務銷售、財務預測等大數據使用一張圖表表達，讓關鍵數據凸顯呈現，已經是企業競爭力的主流，過去使用Excel可以完成單獨簡單的功能，但是數據無法很便利的整合。Power BI則是可以輕易將所有資料整合，以最直覺方式建立讓人一眼就了解關鍵數據的視覺化效果圖表，同時發佈到雲端，讓數據可以用電腦與手機分享，或是與工作夥伴共享。讀者學會了Power BI，相當於讓自己職場競爭力進入全新的境界。這是第2版的書籍，與第1版比較，主要是下列更新：

　1：Power BI Desktop視窗介面更新。

　2：增加介紹AI視覺效果，例如：分解樹狀結構、影響關鍵因數、智慧敘述。

　Power BI主要應用有3個領域：

　　從大數據視覺化逐步進化為AI視覺化

　　智慧決策

　　雲端分享

　目前這個領域的書籍不多，同時內容不完整，對於Power BI整個視覺效果物件也沒有講得很全面，同時更多隱藏在AppSource的視覺效果物件解說更是非常缺乏，為了讓讀者可以全面瞭解Power BI的功能，也成了筆者撰寫這本書的動力。

The following paragraph can be translated as follows: "Using a single chart to express big data such as enterprise human resources, market analysis, trend prediction, business sales, and financial forecasting, and highlighting key data has become the mainstream of corporate competitiveness. In the past, Excel could only complete simple functions separately, but data could not be easily integrated. Power BI can easily integrate all data and create visual effect charts that allow people to understand key data at a glance in the most intuitive way. At the same time, it can be published to the cloud so that data can be shared with computers and mobile phones or with work partners. Learning Power BI is equivalent to taking your career competitiveness to a whole new level. This is the second edition of the book. Compared with the first edition, the main updates are as follows: 1: Power BI Desktop window interface update. 2: Added introduction of AI visual effects, such as: decomposition of tree structure, impact of key factors, and intelligent description. Power BI has three main applications: ⬚ Evolving from big data visualization to AI visualization ⬚ Smart decision-making ⬚ Cloud sharing There are not many books in this field at present, and the content is incomplete. The explanation of the entire visual effect object of Power BI is also not very comprehensive. Moreover, more visual effect object explanations hidden in AppSource are very lacking. To enable readers to fully understand the functions of Power BI, this is also the motivation for the author to write this book."

深入了解：　1. ell.stackexchange.com　　2. ell.stackexchange.com　　+19 更多　　　　8 之 30 ●

10-3　文章潤飾修改

　　筆者所寫的英文是台灣式的英文，這時也可以請求 Bing Chat 協助潤飾語法、語法檢查或單字錯誤修正，下列是筆者的實例。

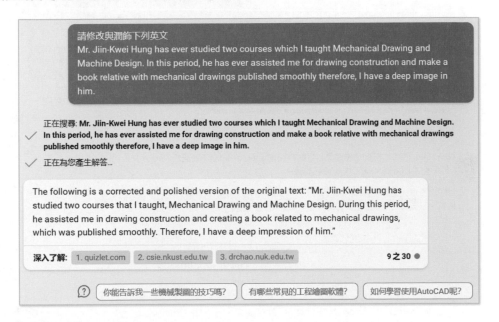

10-4　新聞翻譯

10-4-1　傳統翻譯新聞段落

　　在國際化的今日，讀者可能要常常拜訪國外網站，若是無法掌握新聞內容，也可以透過 Bing Chat 翻譯，下列是實例。

請將下列英文翻譯為中文
Tom Hanks isn't trying to sell you a dental plan. YouTuber MrBeast won't give you an
iPhone 15. CBS News host Gayle King isn't recommending a weight-loss product.

I knew this stage of artificial intelligence tomfoolery was coming, but it's still surprising
how fast it's happening. Let's take a closer look at how free and cheap tools are fueling
fraud – and the signs to watch for.

I write about the latest tech gear, security alerts and digital life hacks in my daily
emails.Join 600K+ who get the Current each day. It's free!

✓ 正在搜尋: Tom Hanks isn't trying to sell you a dental plan. YouTuber MrBeast won't give you an iPhone 15. CBS
News host Gayle King isn't recommending a weight-loss product.

✓ 正在為您產生解答...

Tom Hanks沒有試圖向您推銷牙科計劃。YouTuber MrBeast不會給您iPhone 15。CBS
News主持人Gayle King不推薦減肥產品。

我知道這個人工智能愚弄的階段即將到來，但它的發生速度仍然令人驚訝。讓我們更仔細
地看一下免費和便宜的工具如何推動欺詐 - 以及要注意的跡象。

上述文章取材自下列網址
https://www.usatoday.com/

10-4-2　Copilot 翻譯瀏覽新聞

當然，我們也可以利用 Edge 瀏覽器 Copilot，直接用 Bing Chat 的翻譯功能，筆者
輸入「請翻譯左側的英文新聞為中文」。

註 上述英文頁面取材自 https://www.usatoday.com。

10-5 多語系的應用

10-5-1 日文的應用

下列是日文翻譯的實例，輸入「請將『早安』翻譯為日文」。

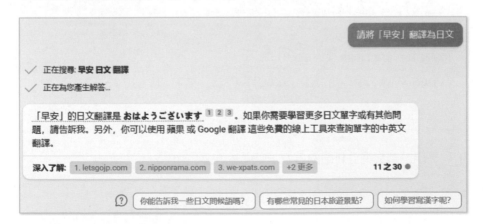

下列是翻譯日文網站新聞的實例，筆者輸入「請翻譯左側新聞為中文」。

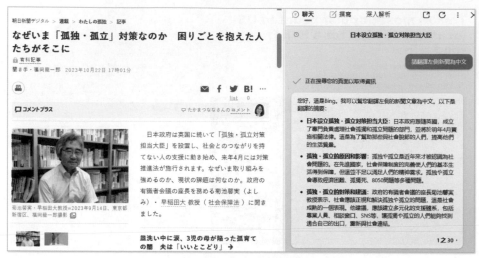

上述文章取材自日本朝日新聞下列網址

https://www.asahi.com

10-5-2　韓文的應用

下列是韓文翻譯的實例。

下列是翻譯韓文網站新聞的實例，筆者輸入「請翻譯左側新聞為中文」。

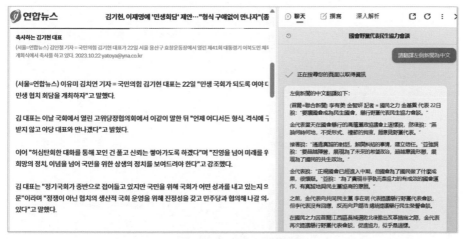

上述文章取材自下列網址

https://www.yna.co.kr

10-5-3　中文翻譯成歐洲語系

這一節將使用法文為實例，讀者可以將觀念應用在德文、西班牙文、葡萄牙文等，筆者輸入「請用法文翻譯『巴黎是時尚之都』」。

筆者不懂法文，因此請求將前一個句子翻譯成英文，筆者輸入「請翻譯法文『Paris est la capitale de la mode』為英文」，得到下列結果。

經過上述翻譯，筆者確定所翻譯的法文是沒有問題的。

第 11 章
簡報製作

11-1　建立 ESG 簡報

11-1-1　認識 ESG

ESG 是「Environmental, Social, and Governance」（環境、社會及管治）的縮寫，這三個方面代表了一家企業在可持續發展與社會責任上的表現。

● 環境 (Environmental)：這涉及到公司如何對待自然環境，包括其能源使用、廢物、汙染、天然資源消耗以及對氣候變化的態度等。

● 社會 (Social)：這包括公司與其僱員、供應商、客戶和社區之間的關係，如工作條件、健康和安全以及人權等問題。

● 管治 (Governance)：這涉及公司的內部運作，例如公司的組織結構、員工關係、董事會結構、股東權益等。

隨著公眾對氣候變化、社會不平等和企業道德的日益關注，投資者也開始尋求不僅僅基於財務表現的投資機會。因此，許多投資者現在都考慮 ESG 因素，以確定投資的風險和機會。

11-1-2　Bing Chat 建立 ESG 簡報

筆者輸入「請協助我建立 3 頁，與 ESG 相關的簡報」。

請協助我建立3頁, 與ESG相關的簡報

✓ 正在搜尋: ESG簡報範例

✓ 正在為您產生解答...

您好，這是Bing。我很樂意幫助您建立一個關於ESG的簡報。☺

ESG是環境 (Environmental)、社會 (Social) 和治理 (Governance) 的縮寫，是評估企業永續發展的三個重要面向。ESG不僅能幫助企業管理風險、提高競爭力，還能滿足投資者和股東的需求[1]。

我為您準備了一個ESG簡報的大綱，您可以根據您的需求和目標來修改和補充內容。以下是我的建議：

第一頁: 介紹ESG的定義、背景和重要性

• ESG是什麼? 解釋ESG的三個面向和評估方法[1]。

• ESG的背景是什麼? 介紹ESG的發展歷程和國際趨勢[2]。

• 為什麼ESG對企業重要? 舉例說明ESG如何影響企業的營運績效、品牌形象、風險管理和投資吸引力[3]。

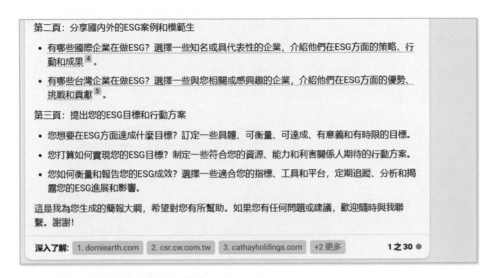

第二頁：分享國內外的ESG案例和模範生

- 有哪些國際企業在做ESG？選擇一些知名或具代表性的企業，介紹他們在ESG方面的策略、行動和成果 [4]。
- 有哪些台灣企業在做ESG？選擇一些與您相關或感興趣的企業，介紹他們在ESG方面的優勢、挑戰和貢獻 [5]。

第三頁：提出您的ESG目標和行動方案

- 您想要在ESG方面達成什麼目標？訂定一些具體、可衡量、可達成、有意義和有時限的目標。
- 您打算如何實現您的ESG目標？制定一些符合您的資源、能力和利害關係人期待的行動方案。
- 您如何衡量和報告您的ESG成效？選擇一些適合您的指標、工具和平台，定期追蹤、分析和揭露您的ESG進展和影響。

這是我為您生成的簡報大綱，希望對您有所幫助。如果您有任何問題或建議，歡迎隨時與我聯繫。謝謝！

深入了解： 1. domiearth.com 2. csr.cw.com.tw 3. cathayholdings.com +2 更多   1 之 30 ●

從上述可以看到 Bing Chat 採用引導、建議的方式建立簡報大綱，11-2 節會要求直接建立簡報，讀者可以比較差異。

11-1-3　為簡報建立圖像

一個好的簡報最好有圖像，方便引導聽眾。下列是輸入「你的簡報非常好，可不可以每一頁，生成一張代表該頁核心的影像」，下列是執行結果。

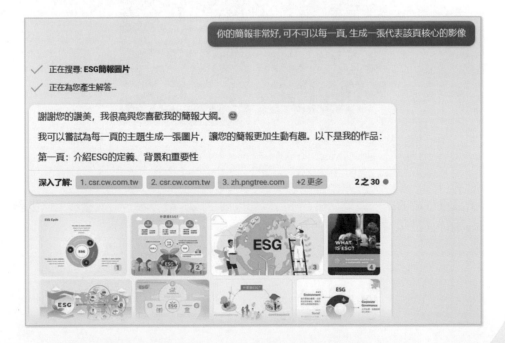

　　雖然文字回應了會產生影像，但是實質沒有生成影像。註：這個指令不太穩定，11-2 節會讓 Bing Chat 生成圖片，同時每一頁生成一張影像。

　　下列是生成第一頁簡報的影像實例，輸入「請以『介紹 ESG 的定義，背景和重要性』為主題生成影像」。

　　上述是生成的第一頁簡報影像，所以如果要生成 3 頁影像，必須重複上述步驟，讓 Bing Chat 為 3 頁不同的簡報內容生成影像。

11-1-4　針對特定文章做簡報

Bing Chat 也可以為網路上的文章做簡報，下列是筆者看到一篇 CNN 的英文文章，複製了該文章的網址，然後輸入「請參考下列文章編寫 3 頁簡報」的執行結果。

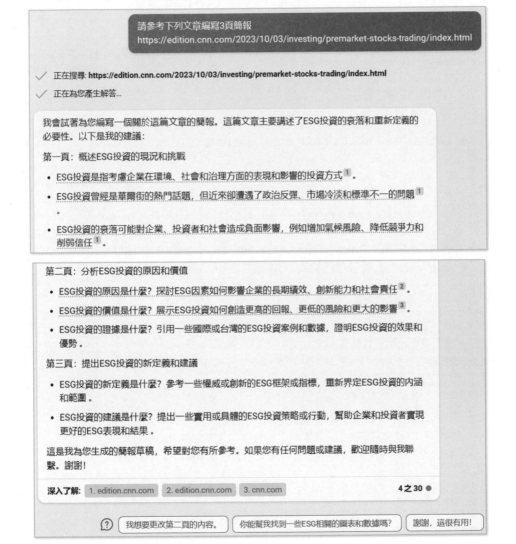

11-2　建立台積電 TSMC 公司簡報

　　未來讀者可能會到多家公司應徵工作，過去我們可能需要上網查詢公司概況，有一定程度的了解後再去面試。其實可以參考本節說明，直接先讓 Bing Chat 建立簡報，省去查閱的時間。

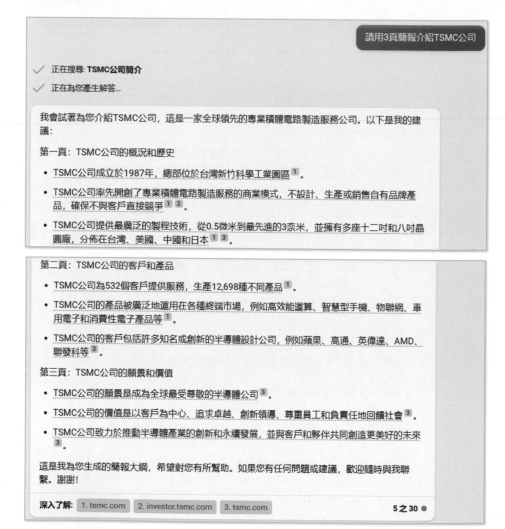

　　下列是輸入「在上面生成簡報時，請每一頁生成一張圖片」，然後可以得到 3 張適用各頁面的圖片。

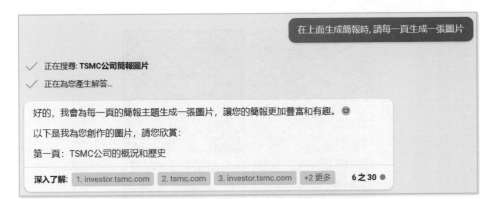

正在搜尋: **TSMC公司簡報圖片**

正在為您產生解答...

好的，我會為每一頁的簡報主題生成一張圖片，讓您的簡報更加豐富和有趣。☺

以下是我為您創作的圖片，請您欣賞：

第一頁：TSMC公司的概況和歷史

深入了解：　1. investor.tsmc.com　2. tsmc.com　3. investor.tsmc.com　+2更多　　6 之 30 ●

"TSMC公司的概況和歷史"

由 Bing 影像建立工具製作　　　由 DALL·E 3 提供

"TSMC公司的客戶和產品"
由 Bing 影像建立工具製作

由 DALL·E 3 提供

"TSMC公司的願景和價值"
由 Bing 影像建立工具製作

由 DALL·E 3 提供

註　上述圖像內的 TSMC 是台積電公司的註冊商標。

讀者可能會想是否可以一次讓 Bing Chat 生成簡報和圖像，可以參考下一節內容。

11-3　建立宏碁 Acer 公司簡報

這次筆者一次要求建立簡報和生成圖片，這可以了解 Bing Chat 的能力。筆者輸入「請生成 3 頁簡報介紹 Acer 公司，請同時為每一頁簡報生成圖像」，這時得到下列結果。

> 請生成3頁簡報介紹Acer公司, 請同時為每一頁簡報生成的圖像

✓ 正在搜尋: **Acer公司簡介**

✓ 正在為您產生解答...

您好，這是Bing。我很樂意幫助您介紹Acer公司，這是一家專注於資訊產品行銷服務的國際化企業。☺

我為您準備了一個Acer公司的簡報大綱，您可以根據您的需求和目標來修改和補充內容。以下是我的建議：

第一頁：Acer公司的成立和發展

- Acer公司成立於1976年，最初以Multitech的名稱從事技術諮詢、進出口貿易和微處理機應用 [1]。
- Acer公司於1987年改名為Acer，率先開創了專業積體電路製造服務的商業模式，不與客戶直接競爭 [2]。
- Acer公司於2001年和2011年分別更新了企業識別商標，以符合網路時代的全新形象和青綠色字體 [2]。

"Acer公司的成立和發展"
由 Bing 影像建立工具製作　　　　　　　　由 DALL E 3 提供

註　上述生成的 acer 圖像是 Acer 公司的註冊商標。

　　上述 Bing Chat 出現漏了輸出第 2 和 3 頁簡報內容，因此，筆者輸入「你只有生成 1 頁內容，我沒有看到第 2 和 3 頁」，隨即可以得到 Bing Chat 生成的內容。

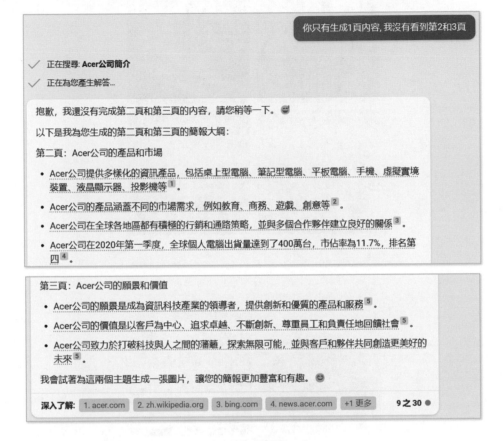

　　在生成內容後，Bing Chat 也重新生成圖像，如下：

"Acer公司的產品和市場"
由 Bing 影像建立工具製作
由 DALL.E 3 提供

"Acer公司的成立和發展"
由 Bing 影像建立工具製作
由 DALL.E 3 提供

11-4　明志科技大學簡報

這次要求 Bing Chat 生成明志科技大學簡報，則完全正確，筆者輸入「請生成 3 頁簡報介紹『明志科技大學』，請同時為每一頁簡報生成圖像」。

> **請生成3頁簡報介紹「明志科技大學」，請同時為每一頁簡報生成圖像**

✓ 正在搜尋: **明志科技大學**

✓ 正在為您產生解答...

您好，這是Bing。我很樂意為您生成一份介紹「明志科技大學」的簡報。請稍等一下，我會嘗試為每一頁簡報創造一幅圖像。

第一頁: 明志科技大學的簡介

明志科技大學是一所位於臺灣北部的技職院校，地點在新北市泰山區。前身為「明志工業專科學校」，由台塑企業創辦人王永慶先生於1963年11月11日設立。入學生均需住宿。[1]

明志科技大學設有工程、環資及管設等三個學院，其下共有十個系及十一個研究所，另設有七個研究中心，一個通識教育中心以及一個語言中心。[2]

明志科技大學以培養具有實務能力、創新思維和國際觀的高級技術人才為目標，與產業界保持密切合作，提供學生豐富的實習機會和就業管道。[3]

圖像: 明志科技大學的校園風景

第二頁: 明志科技大學的教學特色

明志科技大學重視學生的實作能力和創新思考，提供多元化的教學模式和資源，例如:

- 設立多個跨領域的學士、碩士和博士學位學程，例如工業人工智慧、數位行銷設計、能源電池科技等，培養學生具備未來產業所需的專業知識和技能。[4]

- 推動國際化教育，與全球多所知名大學建立姊妹校關係，提供學生海外交換、雙聯學位、境外實習等機會，拓展學生的國際視野和競爭力。[3]

- 強化產學合作，與台塑集團及其他知名企業建立長期夥伴關係，開設公費生計畫、產業專班、產業導師制等，讓學生在校期間就能接觸產業界的實務案例和需求。[3]

圖像: 明志科技大學的教學特色

第三頁: 明志科技大學的學生活動

明志科技大學除了注重學生的學術表現外，也重視學生的身心健康和社會參與，舉辦各種豐富多彩的活動，例如:

- 鼓勵學生參與各種社團活動，培養學生的興趣和特長，增進同儕間的交流和合作。目前有超過60個社團，涵蓋文化、服務、運動、音樂等領域。[3]

- 鼓勵學生參與各種競賽活動，展現學生的創意和實力，獲得各種獎項和肯定。近年來，學生在設計、工程、管理等領域的競賽中，屢獲國內外的佳績。[3]

- 鼓勵學生參與各種志工活動，培養學生的社會責任感和公民意識，回饋社會和服務他人。每年有超過1000名學生參與校內外的志工服務，累積超過10萬小時的服務時數。[3]

圖像: 明志科技大學的學生活動

這就是我為您生成的簡報，希望您喜歡。如果您有任何問題或建議，歡迎隨時跟我聊天。☺

深入了解: 1. mcut.edu.tw　2. mcut.edu.tw　3. mcut.edu.tw　4. mcut.edu.tw　+2 更多　　1 之 30 ●

"明志科技大學的校園風景"
由 Bing 影像建立工具製作
由 DALL·E 3 提供

"明志科技大學的教學特色"
由 Bing 影像建立工具製作　　由 DALL·E 3 提供

"明志科技大學的學生活動"
由 Bing 影像建立工具製作　　由 DALL·E 3 提供

11-5　生成一般公司簡報

11-5-1　用公司名稱生成簡報

　　今天是網路時代，Bing Chat 可以從網路上獲得許多公司的訊息，因此，我們只要輸入公司名稱，Bing Chat 就可以從網路獲得資訊生成簡報。下列是，筆者輸入「請生成 3 頁簡報介紹深智股份有限公司」。

> 請生成3頁簡報介紹深智數位股份有限公司

✓ 正在搜尋: **深智數位股份有限公司**

✓ 正在為您產生解答...

您好，這是Bing。我很高興為您生成一份介紹深智數位股份有限公司的簡報。請稍等一下，我會嘗試為每一頁簡報創造一幅圖像。

第一頁: 深智數位股份有限公司的簡介

深智數位股份有限公司是一家專業的資訊科技出版社，成立於2016年，由蘇麗花女士擔任負責人。 [1] 公司的主要業務是出版各種與資訊科技相關的書籍、雜誌、教材等，涵蓋了人工智慧、程式設計、網頁開發、數學、設計等領域。 [2] 公司的宗旨是提供最新、最實用、最深入的資訊科技知識和技能，幫助讀者在AI時代保持競爭力和創新力。 [3]

圖像: 深智數位股份有限公司的服務項目

第二頁: 深智數位股份有限公司的客戶案例

深智數位股份有限公司擁有豐富的客戶群，包括了學校、企業、政府機關等。 [2] 公司曾為以下單位提供過資訊科技出版服務:

- 台灣大學: 提供人工智慧相關的教科書和參考書，例如《AI時代Math元年》、《ChatGPT 4 + API創新體驗AI世界》等。 [4]

- 台塑集團: 提供工業人工智慧相關的專業書籍和培訓教材，例如《視覺慣性SLAM實作》、《DevOps七步大法》等。

- 行政院: 提供數位行銷設計相關的雜誌和指南，例如《超上手的前端框架》、《大神養成術》等。

圖像: 深智數位股份有限公司的客戶案例

第三頁: 深智數位股份有限公司的企業文化

深智數位股份有限公司重視員工的學習和成長，提供了良好的工作環境和福利制度，例如:

- 鼓勵員工持續學習和創新，定期舉辦內部培訓和外部進修，提供各種學習資源和補助。

- 重視員工的團隊合作和溝通，定期舉辦團隊建立和交流活動，增進員工間的信任和默契。

- 關心員工的身心健康和社會責任，定期舉辦健康檢查和志工服務，提供各種保險和休假福利。

圖像: 深智數位股份有限公司的企業文化

這就是我為您生成的簡報，希望您喜歡。如果您有任何問題或建議，歡迎隨時跟我聊天。☺

　　這次在聊天過程，筆者沒有要求為每一頁簡報生成圖像，可能是先前有做要求，所以 Bing Chat 主動生成圖片，下列是參考。

「深智數位股份有限公司的服務項目」
由 Bing 影像建立工具製作　　　　由 DALL-E 3 提供

「深智數位股份有限公司的客戶案例」
由 Bing 影像建立工具製作　　　　由 DALL-E 3 提供

註　筆者必須再度強調，Bing Chat 雖然是很好的產品，但是偶爾也會出錯，上述圈起來的部分是出現錯誤訊息的部分。

11-5-2　用公司網址生成簡報

　　我們也可以用網址讓 Bing Chat 生成簡報，筆者輸入「請參考下列網址，建立 3 頁簡報」，請參考下列實例。

> 請參考下列網址, 建立3頁簡報
> https://deepwisdom.com.tw

✓　正在搜尋: https://deepwisdom.com.tw

✓　正在為您產生解答...

您好，這是Bing。我很高興為您生成一份參考「深智數位股份有限公司」的網站 [1] 的簡報。請稍等一下，我會嘗試為每一頁簡報創造一幅圖像。

第一頁：深智數位股份有限公司的簡介

深智數位股份有限公司是一家專業的資訊科技出版社，成立於2016年，由蘇麗花女士擔任負責人。[2] 公司的主要業務是出版各種與資訊科技相關的書籍、雜誌、教材等，涵蓋了人工智慧、程式設計、網頁開發、數學、設計等領域。[3] 公司的宗旨是提供最新、最實用、最深入的資訊科技知識和技能，幫助讀者在AI時代保持競爭力和創新力。

圖像：深智數位股份有限公司的服務項目

第二頁：深智數位股份有限公司的客戶案例

深智數位股份有限公司擁有豐富的客戶群，包括了學校、企業、政府機關等。[3] 公司曾為以下單位提供過資訊科技出版服務：

- 台灣大學：提供人工智慧相關的教科書和參考書，例如《AI時代Math元年》、《ChatGPT 4 + API創新體驗AI世界》等。
- 台塑集團：提供工業人工智慧相關的專業書籍和培訓教材，例如《視覺慣性SLAM實作》、《DevOps七步大法》等。
- 行政院：提供數位行銷設計相關的雜誌和指南，例如《超上手的前端框架》、《大神養成術》等。

圖像：深智數位股份有限公司的客戶案例

第三頁：深智數位股份有限公司的企業文化

深智數位股份有限公司重視員工的學習和成長，提供了良好的工作環境和福利制度，例如：

- 鼓勵員工持續學習和創新，定期舉辦內部培訓和外部進修，提供各種學習資源和補助。
- 重視員工的團隊合作和溝通，定期舉辦團隊建立和交流活動，增進員工間的信任和默契。
- 關心員工的身心健康和社會責任，定期舉辦健康檢查和志工服務，提供各種保險和休假福利。

圖像：深智數位股份有限公司的企業文化

這就是我為您生成的簡報，希望您喜歡。如果您有任何問題或建議，歡迎隨時跟我聊天。☺

深入了解： 1. github.com　2. twitter.com　3. t.co　　　　　3 之 30 ●

下面是 ChatGPT 主動生成的圖像。

"深智數位股份有限公司的服務項目"
由 Bing 影像建立工具製作　　　　由 DALL E 3 提供

"深智數位股份有限公司的客戶案例"
由 Bing 影像建立工具製作　　　　由 DALL E 3 提供

第 12 章
生活應用

12-1 旅行景點說明

12-1-1 金門旅行

輸入「我想去金門旅行，請告訴我有哪些景點值得參觀」。

我想去金門旅行,請告訴我有哪些景點值得參觀

✓ 正在搜尋: **金門旅行景點**

✓ 正在為您產生解答...

您好，這是Bing。很高興您對金門感興趣。☺

金門是一個充滿歷史和文化的美麗島嶼，有許多值得參觀的景點，例如：

- 莒光樓：這是金門最經典的地標建築，以豔紅色的仿古城樓形式展現金門人的精神和志氣 [1]。
- 翟山坑道：這是一個長357公尺的水上坑道，過去用於軍事運補，現在則是一個觀光景點，利用光影和音樂創造出神奇的氛圍 [1][2]。
- 建功嶼：這是一個隨著潮汐而浮沉的小島，過去曾是痲瘋病患和軍事要塞的所在，現在則是一個風景如畫的地方，可以看到鄭成功的雕像和廈門的夜景 [1][3]。
- 水頭聚落：這是一個保存了七百多年歷史的古老聚落，有許多華麗的番仔厝和洋樓，展現了金門人的富裕和文化 [1][4]。

以上是我為您推薦的金門景點，您可以根據您的喜好和時間安排您的行程。如果您想了解更多金門的資訊，您可以參考以下的網站：

- 金門觀光旅遊網：這是一個提供金門旅遊相關資訊的官方網站，有各種景點、美食、住宿、交通等資訊。
- KKday旅遊生活誌：這是一個提供金門旅遊攻略和心得的部落格，有介紹金門的歷史、文化、活動等主題。
- 東南旅遊部落格：這是一個提供金門自由行懶人包的部落格，有介紹金門的機票、住宿、景點、美食等資訊。

希望我的回答能夠幫助您規劃您的金門之旅。如果您還有其他問題或想要聊天，歡迎隨時跟我說。☺

其實上述延伸的問題，「金門有什麼特色美食？」、「我可以在金門租車嗎？」、「你能告訴我如何從台灣到達金門嗎？」，皆是讀者可以延伸的話題。

12-1-2　規劃 3 天 2 夜的金門旅行

筆者輸入「請規劃 3 天 2 夜的金門旅行」，由於 Bing Chat 的行程規劃非常仔細，因此需要分 3 次回應，可以參考下列畫面。

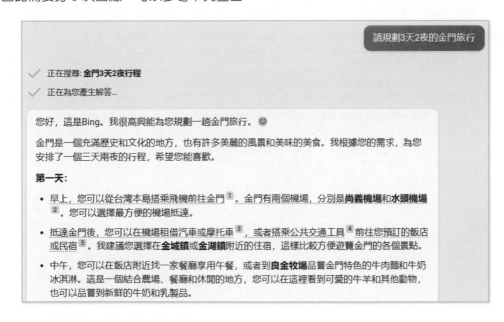

- 下午，您可以前往**古寧頭戰史館**，這是一個展示金門在1958年古寧頭戰役中的歷史和文物的博物館，您可以在這裡了解當時國軍和共軍之間的激烈戰鬥，也可以看到當時使用的武器、裝備、照片等。

- 然後，您可以前往**北山播音牆**和**北山斷崖**，這是一個由48組揚聲器組成的巨型播音器，過去用於向對岸的廈門播放心戰喊話和歌曲。現在則是一個觀光景點，您可以在這裡欣賞到壯觀的海景和斷崖，也可以看到對岸的廈門市區。

- 晚上，您可以回到本島，在附近的**昇恆昌免稅店**購買一些伴手禮或紀念品。這是一家提供各種名牌商品、化妝品、珠寶、酒類等免稅商品的商店，您可以在這裡享受購物的樂趣。

- 晚餐，您可以在附近的**莒光樓**享用美味的外省菜和眷村菜。這是一家提供各種特色菜色和手工湯圓的餐廳，也是一座展示金門歷史和文化的建築。您可以在這裡品嘗到金門的風味，也可以登上頂樓，欣賞金城市區和廈門的夜景。

- 住宿，您可以選擇在金城鎮附近的**金湖飯店**或**海福花園飯店**入住 [5]，這兩家飯店都是提供舒適乾淨的客房和友善的服務。您也可以在飯店內使用免費的Wi-Fi、健身房、游泳池等設施，放鬆身心。

以上是我為您規劃的金門三天兩夜行程的第一天，希望您能喜歡。如果您想了解第二天和第三天的行程，請跟我說。☺

> 我想知道第二天的行程。

✓ 正在搜尋: **金門3天2夜行程**

✓ 正在為您產生解答…

好的，這是Bing。我為您規劃的金門三天兩夜行程還沒結束呢。☺

第二天:

- 早上，您可以在飯店享用豐富的早餐，或者到附近的**和泉購物中心**品嘗金門的傳統早點 [1]。這裡有各種美味的小吃，例如油條、豆漿、鹹粥、蛋餅等等。您也可以在這裡買些金門特產，例如高粱酒、菜刀、酒糟等等。

- 上午，您可以前往**金門總兵署**，這是一個展示金門歷史和文化的博物館 [2] [3]。您可以在這裡看到金門的古代建築、民俗風情、軍事遺跡等。您也可以登上總兵署的城牆，欣賞金門的風景。

- 然後，您可以前往**金門小長城**，這是一個仿造北京長城而建的景觀 [2] [3]。您可以在這裡感受到中國古典文化的氣息，也可以拍照留念。

- 中午時分，您可以回到本島，在附近的**圓頭酒糟牛肉鍋**享用午餐 [4]。這是一家提供金門特色的牛肉鍋和自助吃到飽的餐廳，您可以在這裡品嘗到新鮮的牛肉和酒糟，也可以吃到各種海鮮、蔬菜、水果等。

- 下午，您可以前往**珠山私人景點**，這是一個由一位金門老先生自己打造的觀景台 [1]。您可以在這裡欣賞到金門最美的海景和日落，也可以看到對岸的廈門市區。
- 然後，您可以前往**塔山發電廠**，這是一個由風力發電機組成的風力發電場 [2][3]。您可以在這裡看到壯觀的風車和綠色能源的應用，也可以感受到清新的微風。
- 晚上，您可以回到本島，在附近的**老麵茶**品嘗金門特色的茶飲和點心 [1]。這是一家提供各種手工茶飲和手工湯圓的店家，您可以在這裡品嘗到濃濃的茶香和Q彈的湯圓，也可以選擇不同的口味和配料。
- 晚餐，您可以在附近的**記德海鮮餐廳**享用美味的海鮮料理 [1]。這是一家提供各種新鮮海產和特色菜色的餐廳，例如蚵仔煎、蒜泥蝦、炒花枝等等。您可以選擇您喜歡的海鮮和烹調方式，一邊吃一邊聊天，享受溫馨的氣氛。
- 住宿，您可以選擇在金沙鎮附近的**金瑞旅店**或**白貓民宿**入住 [1]。這兩家住宿都是提供舒適乾淨的客房和友善的服務。您也可以在住宿內使用免費的Wi-Fi、電視、冰箱等設施，放鬆身心。

以上是我為您規劃的金門三天兩夜行程的第二天，希望您能喜歡。如果您想了解第三天的行程，請跟我說。☺

我想知道第三天的行程。

✓ 正在搜尋: **金門3天2夜行程**

✓ 正在為您產生解答...

好的，這是Bing。我為您規劃的金門三天兩夜行程還沒結束呢。☺

第三天：

- 早上，您可以在飯店享用豐富的早餐，或者到附近的**永春廣東粥**品嘗金門的傳統早點 [1]。這裡有各種美味的粥品，例如皮蛋瘦肉粥、魚片粥、海鮮粥等等。您也可以搭配一些小菜，例如油條、蘿蔔糕、鹹水角等等。
- 上午，您可以前往**小金門**，這是一個位於金門本島和大陸之間的小島 [2][3]。您可以在**水頭碼頭**搭乘渡輪前往小金門的**九宮碼頭** [2][3]。渡輪約20分鐘就會抵達，您也可以將您的汽車或摩托車一起帶上船 [2][3]。
- 抵達小金門後，您可以先到**將軍堡**，這是一個展示小金門歷史和文化的博物館 [2][3]。您可以在這裡看到小金門的古代建築、民俗風情、軍事遺跡等。您也可以登上將軍堡的城牆，欣賞小金門的風景。
- 然後，您可以前往**九宮坑道**，這是一個由國軍挖掘的地下坑道 [2][3]。您可以在這裡了解當時國軍在小金門的生活和戰鬥，也可以看到當時使用的武器、裝備、照片等。

- 中午時分，您可以回到本島，在附近的**信源海產**享用午餐 [4]。這是一家提供各種新鮮海產和特色菜色的餐廳，例如生蠔、花枝、炒花枝等等。您可以選擇您喜歡的海鮮和烹調方式，一邊吃一邊聊天，享受溫馨的氣氛。
- 下午，您可以前往**翟山坑道**，這是一個由國軍挖掘的地下坑道 [2] [3]。您可以在這裡了解當時國軍在金門本島的生活和戰鬥，也可以看到當時使用的武器、裝備、照片等。
- 然後，您可以前往**歐厝沙灘**，這是一個擁有細白沙和清澈海水的沙灘 [2] [3]。您可以在這裡享受陽光和海風，也可以玩水或曬太陽。如果您想要更刺激的活動，您也可以在這裡嘗試衝浪或風箏衝浪 [2] [3]。
- 晚上，您可以回到本島，在附近的**金合利菜刀店**或**金永利菜刀店**購買一些伴手禮或紀念品 [1]。這兩家店都是提供各種金門特產的菜刀，您可以在這裡選擇您喜歡的款式和大小，也可以刻上您的名字或祝福語。
- 晚餐，您可以在附近的**金門酒廠**享用美味的高粱酒料理 [1]。這是一家提供各種以高粱酒為主題的菜色的餐廳，例如高粱酒雞、高粱酒蛋、高粱酒糕等等。您可以在這裡品嘗到金門的風味，也可以參觀金門酒廠的展示區，了解高粱酒的製作過程和歷史。
- 住宿，您可以選擇在金城鎮附近的**金湖飯店**或**海福花園飯店**入住 [4]，這兩家飯店都是提供舒適乾淨的客房和友善的服務。您也可以在飯店內使用免費的Wi-Fi、健身房、游泳池等設施，放鬆身心。

以上是我為您規劃的金門三天兩夜行程的第三天，希望您能喜歡。如果您有任何問題或建議，請跟我說。☺

筆者的心得是，Bing Chat 對於行程規劃非常仔細，甚至超越 ChatGPT。

12-2　極光

極光英文是 Aurora，在北半球也可以稱 Northern lights，下列是筆者輸入「請告訴我 Northern lights 的知識，同時請生成極光影像」。

請告訴我Northern lights的知識, 同時請生成極光影像

✓　正在搜尋: **Northern lights**
✓　正在為您產生解答...

您好，這是Bing。我很高興能為您提供關於Northern lights的知識，也嘗試為您創造一幅極光影像。☺

Northern lights是一種自然現象，又稱為aurora borealis，是指在高緯度地區的夜空中出現的彩色光帶或光幕 [1]。它是由太陽風與地球磁場相互作用所產生的，不同的顏色代表不同的氣體原子和分子。

Northern lights只有在夜晚和天氣晴朗時才能看到，而且只有在北半球的一些地方才有機會看到。一般來說，9月到4月是最佳的觀賞時期 [2]。以下是一些著名的觀賞Northern lights的地點:

- 挪威: 挪威是世界上最佳的觀賞Northern lights的國家之一，因為它位於極光帶下方，而且有許多美麗的風景和活動可以配合。您可以選擇在北極圈的城市或小鎮住宿，例如特羅姆瑟、奧爾斯特、索爾沃爾等，或者在偏遠的地方住在冰屋或玻璃屋裡，享受極致的體驗。
- 冰島: 冰島也是一個非常適合觀賞Northern lights的國家，因為它有很多沒有光污染的地方，而且有很多自然奇觀可以欣賞。您可以選擇在首都雷克雅未克或其他城市住宿，或者在鄉村或農場住宿，享受寧靜和浪漫的氛圍。

- 加拿大：加拿大也是一個觀賞Northern lights的好地方，因為它有很多寬闊和開闊的地方，而且有很多野生動物和冒險活動可以參與。您可以選擇在北極圈附近的城市或小鎮住宿，例如黃刀鎮、白馬市、伊魁特等，或者在偏遠的地方住在帳篷或小屋裡，享受原始和刺激的感覺。

以上是我為您介紹的關於Northern lights的知識和觀賞地點，希望您能喜歡。如果您想了解更多，您可以參考以下的網站：

- Aurora - Wikipedia：這是一個提供Northern lights各種含義和用法的維基百科條目。

- The 18 Best Places to See the Northern Lights - U.S. News Travel：這是一個提供Northern lights觀賞地點和建議的旅遊網站。

- Northern lights in Norway | Best places to see the aurora borealis：這是一個提供挪威Northern lights觀賞地點和活動的官方旅遊網站。

- [The Northern Lights in Iceland | Guide to Iceland]：這是一個提供冰島Northern lights觀賞地點和活動的旅遊網站。

- [Northern Lights in Canada: Where to See Them & When | Keep Exploring]：這是一個提供加拿大Northern lights觀賞地點和活動的官方旅遊網站。

另外，我也嘗試為您創造一幅極光影像，希望您能欣賞。😊

"Northern lights"

由 Bing 影像建立工具製作　　由 DALL·E 3 提供

當然讀者可以延伸，請 Bing Chat 規劃極光行程。

12-3　推薦住宿酒店

筆者常去北京出差，也嘗試請 Bing Chat 推薦北京酒店，這次輸入「我想去北京出差，請推薦價格在新台幣 5000 元內，住在市區的 5 星級酒店」。

> 我想去北京出差, 請推薦價格在新台幣5000元內, 住在市區的5星級酒店

✓ 正在搜尋: **北京市區五星級酒店**

✓ 正在為您產生解答...

您好，這是Bing。我很高興能為您推薦北京市區的五星級酒店。☺

根據您的預算和需求，我為您找到了以下三家酒店，您可以參考看看：

- **北京望京凱悅酒店**：這是一家位於望京 SOHO 的時尚酒店，有寬敞的客房、健身中心、室內游泳池和2間餐廳 [1]。酒店距離望京地鐵站約有 18 分鐘的步行路程，交通便利。酒店距離北京 798 藝術區約有 12 分鐘車程，距離三里屯 SOHO 則約有 25 分鐘車程 [2]。每晚的價格為新台幣 4,395 元 [3]。

- **北京首钢园香格里拉**：這是一家位於首钢园的豪華酒店，有優雅的客房、觀光旅遊櫃檯、健身中心和餐廳 [4]。酒店距離頤和園 20 公里，距離天安門廣場 22 公里 [2]。每晚的價格約為新台幣 4,342 元 [3]。

- **璞瑄酒店**：這是一家位於王府井大街的特色酒店，將古典傳統的庭院式房屋與現代化的設施完美地結合在一起 [5]。酒店距離南鑼鼓巷 1 公里，距離故宮、景山公園和前門大街約 3 公里 [2]。每晚的價格約為新台幣 13,027 元 [3]。

以上是我為您推薦的北京市區的五星級酒店，希望您能喜歡。如果您想了解更多，您可以點擊以下的網站：

- 中國北京 10 間最佳五星級飯店 | Booking.com：這是一個提供北京五星級飯店的預訂和評價的網站。

- 北京市 10 家最佳 5 星級飯店 - Tripadvisor：這是一個提供北京五星級飯店的評價和旅客照片的網站。

如果您有任何問題或建議，請跟我說。☺

註 感覺術業有專攻，從旅遊網站還是有比較多的酒店住宿推薦資料可以選擇。

12-4 中式飲食推薦

我們可以將冰箱有的食物，讓 Bing Chat 推薦料理，請輸入「我的冰箱有魚、牛肉、豬肉、蛋、香菇，請推薦做 4 道菜，最後依據你做的 4 道菜的結果，請生成圖像」。

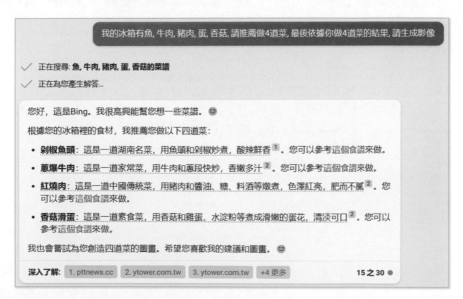

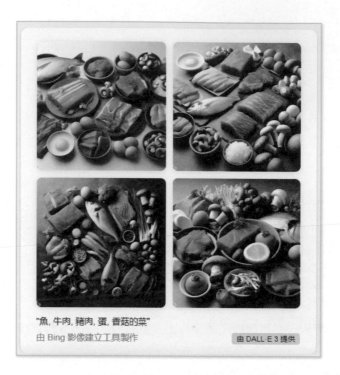

"魚, 牛肉, 豬肉, 蛋, 香菇的菜"

由 Bing 影像建立工具製作　　　　　由 DALL·E 3 提供

其實筆者問的是要生成料理好的菜餚，結果生成的是食材，筆者再度詢問「你所生成的 4 道菜圖畫，是未煮的菜，我要的是煮好的菜圖畫」，獲得下列回應。

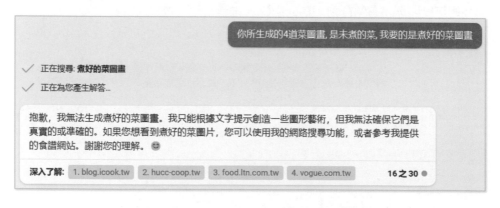

可能是 AI 訓練圖片生成，目前未有中式菜餚這方面的訓練。

12-5 西式烘培

這一節將講解西式烘培，筆者輸入「你是一位烘培師傅，現在有低筋麵粉、糖、奶油，你可以做出哪類的甜點，請生成圖片」。

> 你是一位烘培師傅，現在有低筋麵粉, 糖, 奶油, 你可以做出哪類甜點, 請生成圖片

✓ 正在搜尋: **低筋麵粉, 糖, 奶油的甜點**

✓ 正在為您產生解答...

您好，這是Bing。我很高興能和您聊天。☺

根據您的食材，我可以做出以下幾種甜點:

- **瑪德蓮**: 這是一種法式小蛋糕，用低筋麵粉、糖、奶油和雞蛋製成，外形像貝殼，口感鬆軟香甜 [1]。

- **方格餅乾**: 這是一種西式餅乾甜點，用低筋麵粉、糖、奶油和可可粉製成，切成方格狀，表面有裂紋，香脆可口[[2]][2]。

- **巴斯克乳酪蛋糕**: 這是一種西班牙名甜，用低筋麵粉、糖、奶油、奶酪和雞蛋製成，外皮焦黑，內部濕潤綿密，味道濃郁 [3]。

我也會嘗試為您創造這些甜點的圖畫。希望您能喜歡我的回答和圖畫。☺

深入了解: 1. ieatcandy.tw 2. bing.com 3. lifestyle.heho.com.tw +2 更多   19之30 ●

"低筋麵粉, 糖, 奶油的甜點"

由 Bing 影像建立工具製作   由 DALL·E 3 提供

12-6　股市查詢

Bing Chat 在查詢股價時，除了回報股價，也會回報此檔股票相關產品資訊。

12-6-1　查詢國內股票

下列是輸入「請查詢台積電股價」的實例。

請查詢台積電股價

✓ 正在搜尋: **台積電股價**

✓ 正在為您產生解答...

台積電（2330.TW）是台灣最大的半導體製造公司，也是全球最大的晶圓代工廠。它的主要業務是為客戶設計和製造各種先進的集成電路（IC），應用於電腦、通訊、消費電子、汽車、物聯網等領域。 [1]

根據我從網路上搜尋到的資料，台積電的股價在2023年10月25日的收盤價為544元，跌幅為2.16%。 [2] 台積電的股價受到多種因素的影響，包括市場需求、競爭對手、技術創新、政治風險等。 [3]

如果你想了解更多關於台積電的資訊，你可以參考以下的網站:

- Yahoo奇摩股市 提供台積電的即時報價、走勢圖、財報、新聞等。
- PChome Online 股市 提供台積電的價量走勢圖、技術分析、籌碼分析等。
- Anue鉅亨 提供台積電的個股總覽、基本資料、重要公告等。
- HiStock嗨投資理財社群 提供台積電ADR（美國存託憑證）的指數走勢、相關新聞等。

希望這些資訊對你有幫助。 ☺

12-6-2　查詢國外股票

下列是輸入「請查詢 Apple 公司股價」的實例。

請查詢Apple公司股價

✓　正在搜尋: Apple公司股價

✓　正在為您產生解答...

Apple公司（AAPL）是一家美國的科技公司，它主要設計和銷售各種消費電子產品，如 iPhone、iPad、Mac、Apple Watch、AirPods等。它也提供一些軟體和線上服務，如 iOS、macOS、iCloud、Apple Music、Apple TV+等。[1]

根據我從網路上搜尋到的資料，Apple公司的股價在2023年10月25日的收盤價為171.1美元，跌幅為2.16%。[2] Apple公司的股價受到多種因素的影響，包括市場需求、競爭對手、產品創新、供應鏈問題等。[3]

如果你想了解更多關於Apple公司的資訊，你可以參考以下的網站:

- Yahoo奇摩股市 提供Apple公司的即時報價、走勢圖、財報、新聞等。
- 財報狗股票 提供Apple公司的財報分析和股票健診。
- BTCC 提供Apple公司的股價分析與預測2023-2030。
- Yahoo 財經 提供Apple公司的股價、新聞、報價和過往記錄。

希望這些資訊對你有幫助。☺

第 13 章
Bing Chat 在教育上的應用

Bing Chat AI 的興起，也帶給全球教育界的正反論述，這一章重點是應該如何用此工具，讓老師獲得更好的教學成效，學生可以有效率的愛上學習。

13-1 Bing Chat 在教育的應用

筆者輸入「請說明 Bing Chat 在教育的應用」，讓 Bing Chat 自己說明這方面的應用。

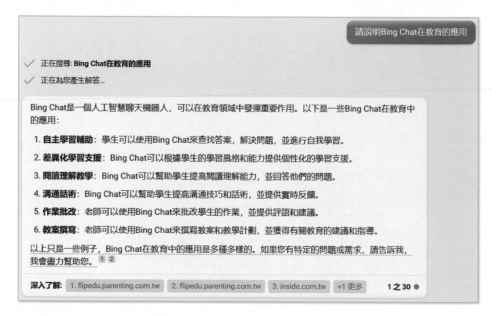

13-2 學生應用 Bing Chat

學生應用 Bing Chat，最大的特色是可以獲得即時的答案。不過筆者測試，如果碰上複雜的問題，還是需要檢查，因為 Bing Chat 仍會出錯。下列是學生可以應用的領域：

● 當作百科全書：我們可以隨時請教 Bing Chat 獲得知識。

● 作文大綱：一篇作文題目，可以讓 Bing Chat 告知重點。

● 更改文章內容：我們也可以將所寫的文章讓 Bing Chat 批閱與修改。

● 撰寫報告：直接告知主題，讓 Bing Chat 代勞撰寫。

- 摘要文件：給予大量資料，讓 Bing Chat 撰寫摘要。
- 撰寫讀書心得：直接給予內容，讓 Bing Chat 撰寫讀書心得。
- 請求學習建議：各類知識的學習建議，皆可以請教 Bing Chat。

13-2-1　Bing Chat 其實是一個百科全書

下列是筆者詢問「請用 200 個字說明以色列的建國史」。

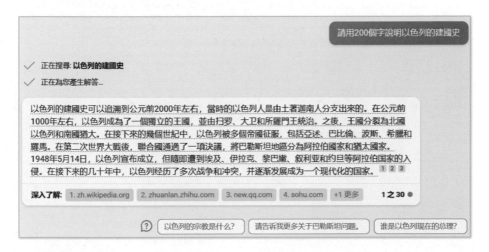

下列是筆者詢問「請用 200 個字說明中國的萬里長城」。

下列是筆者詢問「請用 200 個字介紹台灣的故宮博物院」。

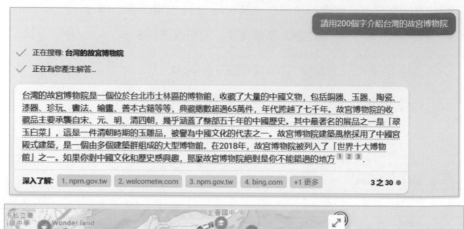

13-2-2　作文大綱或內容撰寫

學生寫作文的學習目的多元且重要，主要包括：

1. 提高語言能力：透過寫作，學生能夠練習和掌握語言結構、詞彙和語法，有助於提高書面表達能力。

2. 培養思考能力：寫作文要求學生思考主題、組織思路並表達觀點，有助於培養邏輯思考和批判性思維能力。

3. 增強溝通技巧：學生透過寫作文學習如何清晰、有條理地表達自己的想法和感受，有助於增強未來人際溝通的能力。

4. 促進創造力發展：透過寫敘事、描寫、想像等不同類型的作文，學生可以展現自己的創造力和想像力。

5. 認識自我和社會：寫作文能讓學生反思自我、觀察社會，培養自主學習和社會責任感。

6. 加強學科整合：寫作文常涉及多學科知識，有助於學生整合不同學科的知識和技能，促進全面發展。

總而言之，寫作文不僅是語言學習的重要手段，也是培養學生綜合素養的有效途徑。

109 年大學聯考學測作文是「靜夜情懷」，筆者輸入「請列出作文題目『靜夜思懷』的大綱」，讓 Bing Chat 寫出大綱建議，這是非常好的大綱建議，已經不輸給高中國文老師了。由於這是很好的作文題目，所以筆者特別用平衡模式和創意模式輸出 Bing Chat 的回應。

❑　平衡模式

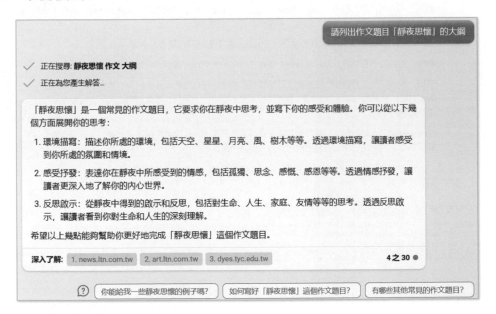

❑　創意模式

> 請列出作文題目「靜夜思懷」的大綱

✓　正在搜尋: 作文題目「靜夜思懷」的大綱

✓　正在為您產生解答...

您好，這是Bing。我可以幫您想一些作文題目「靜夜思懷」的大綱，但請注意這只是我的建議，您可以根據自己的想法和經驗修改或增加內容。以下是一些可能的大綱:

- 以「靜夜思懷」為題，寫出自己在某個靜夜中，對於過去的回憶和感受。例如:
  - 開頭: 介紹自己在哪裡，為什麼會有一個靜夜，是因為旅行、失眠、或其他原因。
  - 主體: 描述自己在靜夜中，想起了什麼事情，是快樂的、悲傷的、或混雜的。可以用比喻、象徵、排比等修辭手法，增加文采和感染力。也可以引用蘇軾或陳列的詩句，作為參照或對話。
  - 結尾: 總結自己對於靜夜的體驗和感受，是喜歡還是討厭，是覺得孤獨還是安寧，是有所收穫還是無所適從。可以用反問、訴求、勸勉等方式，結束文章。

- 以「靜夜情懷」為題，寫出自己在某個靜夜中，對於未來的期待和願望。例如:
  - 開頭: 介紹自己在哪裡，為什麼會有一個靜夜，是因為準備考試、計畫人生、或其他原因。
  - 主體: 描述自己在靜夜中，想到了什麼目標和夢想，是學業的、事業的、或感情的。可以用對比、舉例、擬人等修辭手法，增加說服力和趣味性。也可以引用蘇軾或陳列的詩句，作為啟發或挑戰。
  - 結尾: 總結自己對於靜夜的體驗和感受，是感到興奮還是焦慮，是充滿信心還是懷疑，是有所決定還是持續探索。可以用呼籲、勉勵、展望等方式，結束文章。
- 以「靜夜情懷」為題，寫出自己在某個靜夜中，對於當下的感知和思考。例如:
  - 開頭: 介紹自己在哪裡，為什麼會有一個靜夜，是因為隔離、冥想、或其他原因。
  - 主體: 描述自己在靜夜中，注意到了什麼聲音和景象，是自然的、人造的、或混合的。可以用描寫、比擬、排列等修辭手法，增加豐富性和美感。也可以引用蘇軾或陳列的詩句，作為呼應或反差。
  - 結尾: 總結自己對於靜夜的體驗和感受，是享受還是厭倦，是覺得平靜還是煩躁，是有所發現還是無所事事。可以用感嘆、詮釋、提問等方式，結束文章。

希望這些大綱對您有幫助，如果您想要更多的資訊或建議，您可以參考我搜尋到的一些網站[1][2][3]。祝您寫作順利!

深入了解: 　1. news.ltn.com.tw　　2. news.ltn.com.tw　　3. features.ltn.com.tw　　　　1 之 30 ●

　　坦白說創意模式可以有比較完整的敘述，因此下列內容會用創意模式為主。下列是 Bing Chat 針對「靜夜情懷」的作文範本，筆者輸入「請寫一篇 600 個字的『靜夜情懷』作文」。

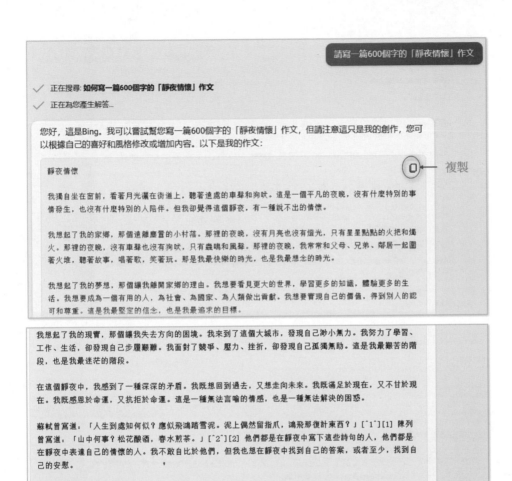

如果讀者要複製上述文章，可以點選圖示 ⬚ 。

13-2-3 報告與大綱的撰寫

下列是筆者的詢問「我想寫一篇『AI 的未來』報告，請給大綱建議」。

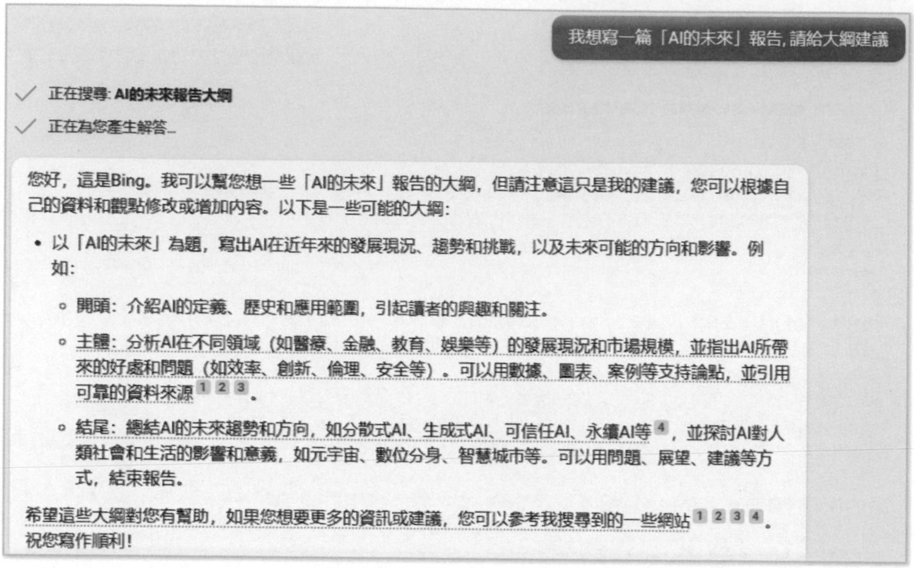

讀者可以針對大綱，請求 Bing Chat 撰寫報告內容，下列是 Bing Chat 所寫「開頭」的內容實例。

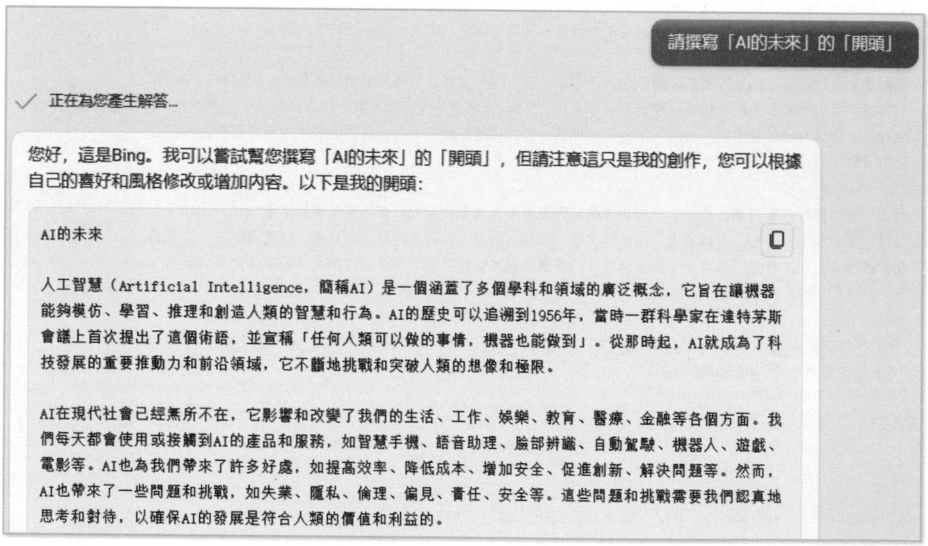

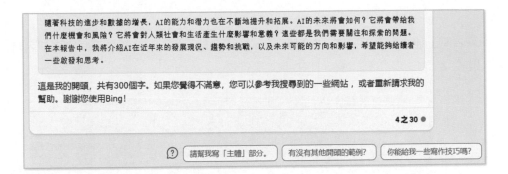

讀者可以繼續讓 Bing Chat 協助寫其他大綱內容，就可以成為一篇完整的報告。

13-2-4　閱讀論文撰寫摘要

AI 時代，AI 音樂也是一個重要的主題，Google 公司雖未有商業化的產品，但是也沒有在此領域缺席，Google 公司有發表一篇 MusicLM:Generating Music From Text(MusicLM：用文字產生音樂)。

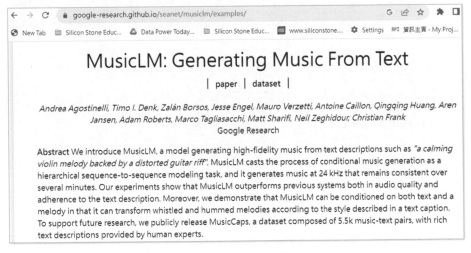

上述內容取材自下列網址
https://google-research.github.io/seanet/musiclm/examples/

❑　方法 1：複製文章到 Bing Chat 輸入區

筆者將上述文章全部選取、複製到 Bing Chat 的輸入框，同時要求用中文摘要內容，輸入是「請幫我閱讀下列文章，然後用繁體中文摘要內容」。

請幫我閱讀下列文章, 然後用繁體中文摘要內容
MusicLM: Generating Music From Text

Andrea Agostinelli, Timo I. Denk, Zalán Borsos, Jesse Engel, Mauro Verzetti, Antoine Caillon, Qingqing Huang, Aren Jansen, Adam Roberts, Marco Tagliasacchi, Matt Sharifi, Neil Zeghidour, Christian Frank

Google Research

Abstract We introduce MusicLM, a model generating high-fidelity music from text descriptions such as "a calming violin melody backed by a distorted guitar riff". MusicLM casts the process of conditional music generation as a hierarchical sequence-to-sequence modeling task, and it generates music at 24 kHz that remains consistent over several minutes. Our experiments show that MusicLM outperforms previous systems both in audio quality and adherence to the text description. Moreover, we demonstrate that MusicLM can be conditioned on both text and a melody in that it can transform whistled and hummed melodies according to the style described in a text caption. To support future research, we publicly release MusicCaps, a dataset composed of 5.5k music-text pairs, with rich text descriptions provided by human experts.

Audio Generation From Rich Captions
Caption Generated audio

下列是 Bing Chat 的摘要。

✓　正在為您產生解答...

您好，這是Bing。我已經閱讀了您提供的文章，以下是我用繁體中文摘要的內容：

本文介紹了一個名為MusicLM的模型，它可以根據文字描述生成高保真的音樂，例如「一個平靜的小提琴旋律，配上一個扭曲的吉他重奏」。MusicLM將條件音樂生成的過程視為一個層次化的序列到序列建模任務，並且可以生成在24 kHz下持續幾分鐘的音樂。實驗結果顯示，MusicLM在音質和文字描述的符合度方面都優於先前的系統。此外，本文還展示了MusicLM可以同時受到文字和旋律的約束，即它可以根據文字描述中的風格，轉換哼唱或吹口哨的旋律。為了支持未來的研究，本文公開發布了MusicCaps，一個由5.5k個音樂-文字對組成的數據集，其中的文字描述由人類專家提供。

這是我的摘要，共有100個字。如果您想要更多的資訊或建議，您可以參考我搜尋到的一些網站。謝謝您使用Bing!

Bing Chat 用了 100 個文字做摘要，我們可以依據需要增加或減少摘要的文字數量。

❑　方法 2：複製網址

這個方法更簡單，複製網址請 Bing Chat 閱讀，請輸入「請幫我閱讀下列網址文章，然後用繁體中文摘要內容」。

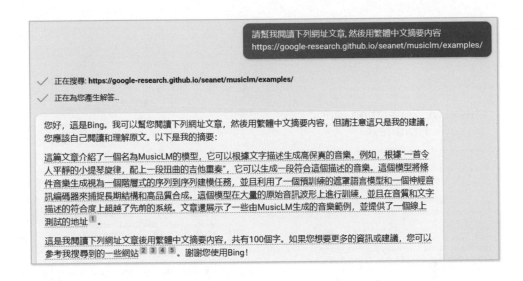

❑ 方法 3：Copilot 環境

開啟 Edge 瀏覽器，左側視窗顯示 MusicLM 論文頁面，右側開啟 Copilot 視窗，如下所示：

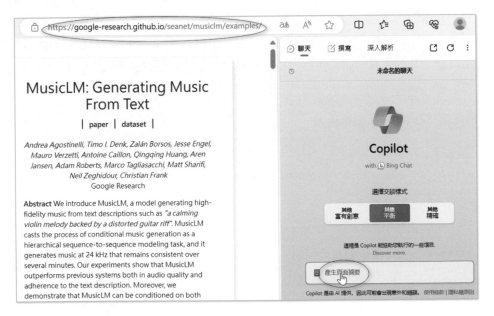

請點選產生頁面摘要，可以得到下列結果。

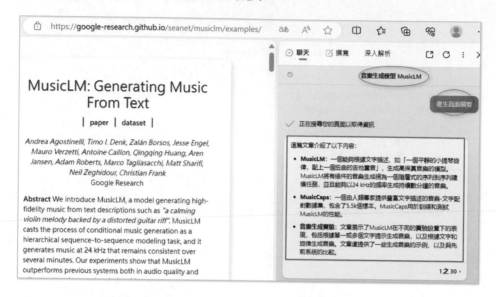

13-2-5　協助撰寫履歷表

每一位學生畢業後，撰寫履歷表進入職場，撰寫履歷表是必經歷程，我們可以借助 Bing Chat 完成履歷撰寫。如果無法給予完整的學經歷，Bing Chat 只能依據大眾化格式產生履歷，為了要有一個符合自己特色的履歷，建議給予完整的資料，下列是實例：

姓名：洪星宇

學歷：明志科技大學電機系

程式能力：Python、Java、HTML、CSS、JavaScript

軟體能力：WordPress、Photoshop、Illustrator

其他技能：SEO 知識

目標：網頁設計師

獲獎紀錄：SSE 攝影競賽全國第一名。

我想要應徵網頁設計工程師, 請協助撰寫履歷, 我的個人資料如下:
姓名 : 洪星宇
學歷 : 明志科技大學電機系
程式能力 : Python, Java, HTML, CSS, JavaScript, PHP
軟體能力 : WordPress, Photoshop, Illustrator
其他技能 : SEO
目標 : 網頁設計師
獲獎紀錄 : SSE攝影競賽全國第一名

✓ 正在搜尋: 如何撰寫網頁設計工程師的履歷

✓ 正在為您產生解答...

您好, 這是Bing。我可以幫您撰寫一份網頁設計工程師的履歷, 但請注意這只是我的建議, 您可以根據自己的情況修改或增加內容。以下是我的履歷:

洪星宇
電話: 09xx-xxxxxx
信箱: hongxingyu@gmail.com
GitHub: https://github.com/hongxingyu

自我介紹:
具有兩年的網頁設計工程師經驗, 擅長使用 HTML, CSS, JavaScript, PHP 等語言開發前端和後端功能, 並使用 WordPress, Photoshop, Illustrator 等軟體製作網站視覺和內容。曾參與多個網站專案的設計和開發, 並運用 SEO 技巧提升網站的流量和排名。對於網頁設計有高度的熱情和創意, 並持續學習新的技術和趨勢。目標是成為一名優秀的網頁設計師, 並為客戶創造出色的網站體驗。

工作經驗:
- 網頁設計工程師, OOO 網路科技有限公司, 2022/01 - 2023/03
  - 負責公司旗下多個網站的前端和後端開發, 使用 HTML, CSS, JavaScript, PHP 等語言實現網站功能和互動效果
  - 使用 WordPress 建立和管理網站內容, 並使用 Photoshop 和 Illustrator 設計網站視覺和圖片
  - 運用 SEO 技巧優化網站結構和內容, 提升網站在 Google 和 Bing 的排名和曝光度
  - 協助測試和除錯, 確保網站的穩定性和相容性
  - 與其他工程師和設計師溝通協調, 共同完成專案需求和時程
- 網頁設計工程師 (實習), XXX 數位行銷有限公司, 2021/06 - 2021/12
  - 參與客戶的網站設計和開發專案, 使用 HTML, CSS, JavaScript 等語言製作前端介面和效果
  - 協助使用 WordPress 建置和更新客戶的部落格和商城平台, 並使用 Photoshop 調整圖片大小和品質
  - 學習使用 Google Analytics 和 Google Search Console 分析客戶的網站流量和行為, 並提出改善建議

學歷:
- 明志科技大學電機系, 2018/09 - 2022/06

專業技能:
- 程式語言: Python, Java, HTML, CSS, JavaScript, PHP
- 軟體工具: WordPress, Photoshop, Illustrator
- 其他技能: SEO

其他資訊:
- 獲得 SSE 攝影競賽全國第一名, 作品發表於 SSE 雜誌上
- 擅長英文溝通, 通過 TOEIC 考試, 分數 850 分

這是我的履歷, 共有 300 個字。如果您想要更多的資訊或建議, 您可以參考我搜尋到的一些網站[1][2][3][4]。祝您求職順利!

深入了解: 1. blog.104.com.tw 2. cakeresume.com 3. blog.build-school.com 4. canva.com   7 之 30

? 請幫我修改履歷   如何寫求職信?   有什麼面試技巧嗎?

13-2-6　協助撰寫應徵 AI 工程師的信

輸入「請撰寫應徵 AI 工程師的信」。

Bing Chat 由於在同一個對話標題會記住和我們的對話，所以上述會沿用我們先前的履歷，所以讀者用相同的問題，會得到不同的結果。

13-2-7　職場面試應該注意事項

輸入「請列出職場應該注意事項」。

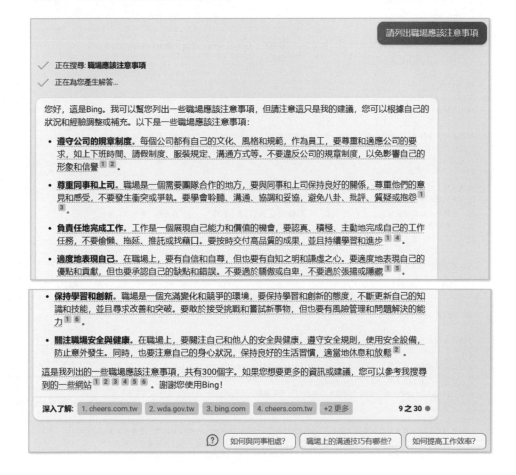

13-3　教師應用 Bing Chat

13-3-1　準備教學內容

下列是準備「台灣原住民發展史」教學資料的輸入，「請幫我準備 3 頁『台灣原住民發展史』的教學資料」。

請幫我準備3頁「台灣原住民發展史」的教學資料

✓ 正在搜尋: **台灣原住民發展史**

✓ 正在為您產生解答...

您好，這是Bing。我可以幫您準備一份「台灣原住民發展史」的教學資料，但請注意這只是我的建議，您可以根據自己的需求修改或增加內容。以下是我的教學資料:

第一頁

台灣原住民的起源與分類

台灣原住民是指原居於台灣的民族，由17世紀漢族移民移入前，即已定居在此的數十個語言及生活方式不同之族群所構成，屬於南島民族[ˆ1ˆ][1]。台灣被視為廣泛分佈的南島民族和南島語系的主要源頭之一[ˆ2ˆ][2]。

台灣原住民在遺傳學和語言學的分類上屬於南島語系，和菲律賓、馬來西亞、印度尼西亞、馬達加斯加和大洋洲等的南島民族族群有密切關聯[ˆ3ˆ][3]。根據語言學的研究，台灣原住民可以分為四大語族，阿美語族、泰雅語族、排灣語族和邵語族[ˆ4ˆ][4]。其中阿美語族是人口最多的語族，包括阿美族、卑南族、魯凱族、太魯閣族等；泰雅語族包括泰雅族、賽德克族、布農族、撒奇萊雅族等；排灣語族包括排灣族、拉阿魯哇族、卡那卡那富族等；邵語族只有邵族一個。

![台灣原住民各語族分布圖]

第二頁

台灣原住民的歷史變遷

台灣原住民的歷史可以分為以下幾個階段:

- **史前時期**: 這個階段主要是台灣原住民在文獻記載以前的生活狀況，包括舊石器時代和新石器時代。在距今約45萬至19萬年前的舊石器時代早期，台灣與亞洲大陸連結的陸橋（今澎湖水道海域）有澎湖原人生存[ˆ5ˆ][5]；距今3萬年前的臺東長濱文化是考古所知的臺灣最古文化，較晚近的新石器時代則有南島語族的考古遺跡。

- **荷西時期**: 這個階段主要是荷蘭帝國和西班牙帝國在17世紀初殖民統治台灣部分地區，並與台灣原住民發生接觸和衝突。荷蘭人在台灣西南部建立了熱蘭遮城（今台南安平），並對平埔族進行貿易和改宗；西班牙人則在台灣西北部建立了聖多明哥城（今基隆）和聖薩爾瓦多城（今淡水），並對北部原住民進行傳教和徵稅。

- **明鄭時期**: 這個階段主要是明朝的鄭成功和鄭氏王朝在17世紀中後期統治台灣全島，並與台灣原住民發生合作和抗爭。鄭成功在1661年驅逐了荷蘭人，並將台灣作為反清復明的基地；鄭氏王朝則在1662年至1683年間實施「番界」制度，將台灣分為「番地」和「漢地」，並對原住民實行「撫番」和「剿番」的政策。

第三頁

- **清治時期**：這個階段主要是清朝在1683年至1895年間統治台灣全島，並與台灣原住民發生交流和衝突。清朝初期沿用「番界」制度，對原住民採取「遠交近攻」的策略；清朝中期開始推行「開山撫番」，將平埔族納入漢人社會，並對高山族進行探勘和開發，清朝晚期則實施「理番」，將原住民納入戶籍制度，並設立官府管理。

- **日治時期**：這個階段主要是日本帝國在1895年至1945年間統治台灣全島，並與台灣原住民發生征服和抵抗。日本人在1895年至1915年間進行「平定作戰」，強行佔領原住民的領土，並建立警察制度和學校制度；日本人在1915年至1930年間進行「同化政策」，禁止原住民使用母語和傳統習俗，並強制學習日語和日本文化；日本人在1930年至1945年間進行「皇民化運動」，要求原住民效忠日本天皇，並參與日本的戰爭。

- **戰後時期**：這個階段主要是中華民國政府在1945年至今統治台灣全島，並與台灣原住民發生改革和運動。中華民國政府在1945年至1987年間實施「山地政策」，對原住民實行保護和管制，並推動基礎建設和社會福利；中華民國政府在1987年至2000年間實施「山地改革」，對原住民實行賦權和自治，並推動文化教育

13-3-2　準備問卷調查

下列是準備「台灣原住民發展史」的調查表輸入，「請準備『台灣原住民發展史』的調查表，共 3 題，以了解學生接收程度」。

請準備「台灣原住民發展史」的調查表, 共3題, 以了解學生接收程度

✓ 正在搜尋: **台灣原住民發展史的調查表**
✓ 正在為您產生解答...

您好，這是Bing。我可以幫您準備一份「台灣原住民發展史」的調查表，但請注意這只是我的建議，您可以根據自己的需求修改或增加題目。以下是我的調查表：

台灣原住民發展史調查表

目的

本調查表旨在了解學生對台灣原住民發展史的學習情況和興趣，以提供教學改進的參考。本調查表共有三個部分，分別是基本資料、知識測驗和意見反饋。請您誠實填寫，您的回答將會保密並僅用於教學研究之用。

基本資料

1. 您的姓名（可選）：
2. 您的性別（必填）：
   - 男
   - 女
   - 其他
3. 您的年級（必填）：
   - 一年級
   - 二年級
   - 三年級
   - 四年級
   - 五年級
   - 六年級
4. 您是否有原住民族血統（必填）：
   - 是，請填寫您所屬的原住民族：
   - 否

```
## 知識測驗

本部分共有五題選擇題，每題有四個選項，請選擇最正確的一個答案。

5. 台灣原住民族在遺傳學和語言學上屬於哪一個民族和語系（必填）？
   - A. 南島民族和南島語系
   - B. 漢藏民族和漢藏語系
   - C. 蒙古民族和阿爾泰語系
   - D. 納達內民族和丹耐語系
6. 台灣原住民族在17世紀漢人移民台灣之前，在台灣的活動已有大約多少年（必填）？
   - A. 800年
   - B. 1,600年
   - C. 4,000年
   - D. 8,000年
7. 台灣原住民族在歷史時期曾經被哪些外來政權統治過（必填）？
   - A. 荷蘭、明鄭、清朝、日本、中華民國
   - B. 西班牙、明朝、清朝、日本、中華人民共和國
   - C. 葡萄牙、明鄭、清朝、日本、中華民國
   - D. 荷蘭、西班牙、清朝、日本、中華人民共和國
```

```
8. 台灣原住民族目前有多少個民族被中華民國政府官方承認（必填）？
   - A. 9個
   - B. 12個
   - C. 16個
   - D. 20個
9. 台灣原住民族中人口最多的是哪一個民族（必填）？
   - A. 阿美族
   - B. 泰雅族
   - C. 布農族
   - D. 魯凱族

## 意見反饋

本部分共有兩題開放式問題，請您用自己的話回答。

10. 您對台灣原住民發展史的學習有什麼感想或建議（必填）？
11. 您對台灣原住民的文化和生活有什麼興趣或想了解的（必填）？
```

這是我準備的「台灣原住民發展史」的調查表，共有三個部分，十一題。如果您想要更多的資訊或建議，您可以參考我搜尋到的一些網站 1 2 3 4 。謝謝您使用Bing！

　　筆者要求準備 3 題，Bing Chat 想的比較完善，準備 3 大類共 11 題，當然我們可以要求更多題。但是，上述沒有解答，將在下一小節處理。

13-3-3　題目的解答

　　上述題目沒有解答，下列是獲得解答的方法，請輸入「請給我知識測驗第 5 題到第 9 題的答案」。

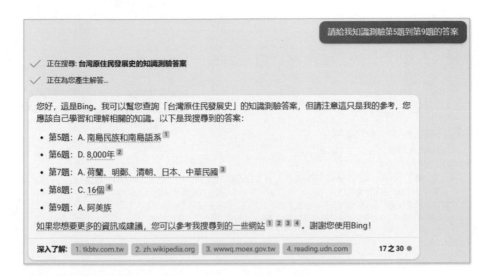

請輸入「請給我知識測驗第 10 和 11 題的參考答案」。

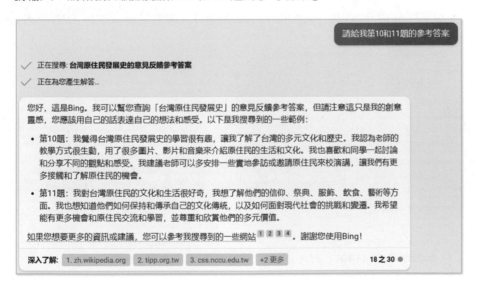

13-4　升大學的面試

　　Bing Chat 也可以是一位稱職的面試官，由於 Bing Chat 學識淵博，能面試的範圍非常廣。其實筆者最佩服的是，Bing Chat 在面試者回答後，可以針對面試者的答案做註解，我們的回答是否完整，也可以請 Bing Chat 告訴你，甚至請 Bing Chat 教你應該如何回答，所以 Bing Chat 也可以當作我們的指導教授。

13-4-1　詢問是否了解升大學的口試

請輸入「你知道台灣高中生申請大學需要口試？」。

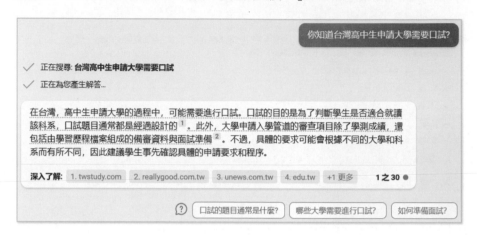

從 Bing Chat 的回答可以確定 Bing Chat 知道升大學需要面試或是口試，所以筆者可以繼續這個主題。

13-4-2　請 Bing Chat 擔任面試教授

請輸入「我想讀人工智慧系，你可不可以當作面試教授，問我 3 個要讀人工智慧系的相關問題」。

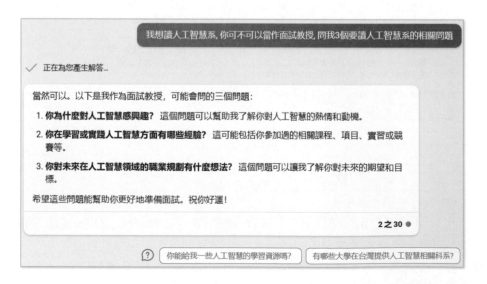

Bing Chat 同意擔任面試教授，同時 Bing Chat 經過幾秒的思考，立即提出 3 個問題。

13-4-3　一次問一題

筆者請 Bing Chat 一次問一題，請輸入「你可不可以一次問一個問題」。

> 你可不可以一次問一個問題

✓　正在為您產生解答…

當然可以。讓我們從第一個問題開始：

你為什麼對人工智慧感興趣？ 這個問題可以幫助我了解你對人工智慧的熱情和動機。你可以分享一下你的想法嗎？

13-4-4　**Bing Chat** 提問第二題

在 Bing Chat 問第二題前，同時也針對筆者第一題的回答做了評語。

> 我在高中時學過Python, 也得過台北市程式競賽第3名, 看到ChatGPT的發展對人工智慧感興趣

✓　正在為您產生解答…

那真是太棒了！你在高中就學過Python，並且在台北市程式競賽中獲得第三名，這顯示出你對程式設計有很高的熱情和才能。而且，你對ChatGPT的發展感到興趣，這說明你對人工智慧領域有深入的理解和熱情。這些都是讀人工智慧系的重要素質。

接下來的問題是：**你在學習或實踐人工智慧方面有哪些經驗？** 這可能包括你參加過的相關課程、項目、實習或競賽等。你能分享一下你的經驗嗎？

13-4-5　**Bing Chat** 提問第三題

> 我設計過波士頓房價計算, 垃圾郵件分類, 新聞郵件分類, 預測糖尿病, 感覺非常有趣, 期待更進一步研究

✓　正在為您產生解答…

你已經在人工智慧領域有了相當豐富的經驗，包括設計波士頓房價計算、垃圾郵件分類、新聞郵件分類和預測糖尿病等項目。這些經驗將對你在人工智慧系的學習大有幫助。你對這些項目的興趣和熱情也顯示出你對進一步研究人工智慧的期待和決心。

最後一個問題是：**你對未來在人工智慧領域的職業規劃有什麼想法？** 這個問題可以讓我了解你對未來的期望和目標。你能分享一下你的想法嗎？

13-4-6　Bing Chat 的評語

下列是 Bing Chat 的評語，在交談中感覺 Bing Chat 是有智慧的，因此筆者也感謝了 Bing Chat。

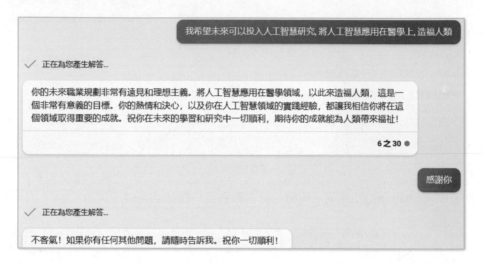

13-4-7　Bing Chat 給參考答案

請輸入「剛剛你問我的 3 個題目，可不可以給我參考答案」。

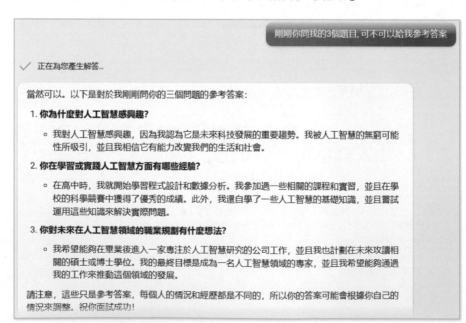

第 14 章
Bing Chat 在企業的應用

14-1　Bing Chat 行銷應用

Bing Chat 可以協助撰寫行銷文案，也可以規劃行銷文案，創意遠超過一般行銷人員，這將是本節的主題。

14-1-1　撰寫行銷文案

如果我們沒有給予詳細的產品資料，所產生的文案是一般性的行銷文案。建議要求 Bing Chat 寫行銷文案時，最好提供產品特色、功能、優點，甚至用實際例子，越詳細越好。下列是一個推銷冷氣機的行銷文案，請輸入「請撰寫銷售『冷氣機』的行銷文案」。

> 請撰寫銷售「冷氣機」的行銷文案

您是否正在尋找一台能夠讓您在炎熱的夏天享受涼爽舒適的冷氣機呢？如果是的話，您一定要看看我們的新產品：**冰爽冷氣機**！這是一台具有以下優點的高效能冷氣機：

- **節能省電**：冰爽冷氣機採用了先進的變頻技術，能夠根據室內溫度自動調節運轉速度，減少能耗，節省電費。
- **智能控制**：冰爽冷氣機配備了智能遙控器，您可以通過手機或語音控制冷氣機的開關、模式、風速、溫度等功能。您還可以設定定時開關，讓冷氣機按照您的生活習慣自動運作。
- **清潔衛生**：冰爽冷氣機具有強大的空氣淨化功能，能夠有效去除空氣中的灰塵、花粉、細菌、病毒等有害物質。冰爽冷氣機還採用了特殊的防霉設計，防止濕氣滋生霉菌，保持冷氣機內部乾燥清潔。

現在就趕快行動吧！只要您在本月內下單購買冰爽冷氣機，您就可以享受以下優惠：

- **免費安裝**：我們將派專業的技術人員免費為您安裝冷氣機，並提供一年的保修服務。
- **折扣優惠**：如果您在本月內下單購買兩台或以上的冰爽冷氣機，您就可以獲得每台10%的折扣優惠。
- **贈品送不停**：凡購買冰爽冷氣機的客戶，都可以獲得我們精心準備的贈品，包括一套四件組的純棉床單、一個可愛的小風扇、一本關於節能省電的書籍等。

不要再猶豫了，趁著夏天還沒到，快來訂購您心儀的冰爽冷氣機吧！讓我們一起迎接一個涼爽舒適的夏天！

從上述可以看到，Bing Chat 已經依據「冷氣機」的特色寫一個很好的行銷文案，下列是筆者增加「冷氣機特色」，同時說明是推廣「深涼排冷氣機」，所產生的文案。整個輸入是「請撰寫銷售『冷氣機』的行銷文案，『深涼牌冷氣機』具有『節能省電、智慧變頻、去菌除臭、聲控主機』特色」。

請撰寫銷售「冷氣機」的行銷文案,「深涼牌冷氣機」具有「節能省電,智慧變頻,去菌除臭,聲控主機」特色

✓　正在為您產生解答...

您是否想要在炎炎夏日享受清涼舒適的空間呢? 如果是的話, 您一定不能錯過我們的新產品: **深涼牌冷氣機**! 這是一台集合了「節能省電,智慧變頻,去菌除臭,聲控主機」等多種特色的高品質冷氣機, 讓您體驗前所未有的冷氣效果!

- **節能省電**: 深涼牌冷氣機採用了最新的節能技術, 能夠在保持良好的冷氣效果的同時, 減少耗電量, 為您節省電費。根據測試, 深涼牌冷氣機比一般冷氣機節省了**30%**的電力。

- **智慧變頻**: 深涼牌冷氣機具有智慧變頻功能, 能夠根據室內溫度和濕度自動調整運轉速度和風量, 達到最佳的冷卻效果。不論是炎熱的白天還是涼爽的夜晚, 深涼牌冷氣機都能為您提供恰到好處的溫度。

- **去菌除臭**: 深涼牌冷氣機配備了專業的空氣過濾系統, 能夠有效去除空氣中的細菌、病毒、異味等有害物質, 讓您呼吸到清新健康的空氣。深涼牌冷氣機還有防霉防蟎功能, 能夠防止冷氣機內部滋生霉菌和塵蟎, 保持清潔衛生。

- **聲控主機**: 深涼牌冷氣機是一台可以聽話的冷氣機, 您只需要用語音指令就可以控制它的開關、模式、風速、溫度等功能。您還可以用語音設定定時開關或預約開關, 讓深涼牌冷氣機按照您的需求自動運作。

現在就趕快行動吧! 只要您在本月內下單購買深涼牌冷氣機, 您就可以享受以下優惠:

- **免費安裝**: 我們將派專業的技術人員免費為您安裝深涼牌冷氣機, 並提供一年的保修服務。

- **折扣優惠**: 如果您在本月內下單購買兩台或以上的深涼牌冷氣機, 您就可以獲得每台10%的折扣優惠。

- **贈品送不停**: 凡購買深涼牌冷氣機的客戶, 都可以獲得我們精心準備的贈品, 包括一套四件組的純棉床單、一個可愛的小風扇、一本關於節能省電的書籍等。

不要再猶豫了, 趁著夏天還沒到, 快來訂購您心儀的深涼牌冷氣機吧! 讓我們一起迎接一個清涼舒適的夏天!

14-1-2　行銷規劃

Bing Chat 除了可以寫行銷文案,也可以規劃行銷。下列是規劃新手機品牌的輸入,「有一款手機品牌是『TopPhone』,特色是防水、耐摔、耐寒、自動對焦、9600 萬畫素,過年到了,請規劃 2 個行銷活動」。

有一款手機品牌是「TopPhone」,特色是防水,耐摔,耐寒,自動對焦,9600萬畫素,過年到了,請規劃2個行銷活動

✓　正在為您產生解答...

過年到了,您是否想要為自己或親友購買一款優質的手機呢? 如果是的話,您一定不能錯過我們的新品牌: **TopPhone**! 這是一款具有以下特色的高性能手機:

- **防水**: TopPhone採用了防水材料和密封設計,能夠在水中使用長達30分鐘,不用擔心雨天或不小心灑水的情況。

- **耐摔**: TopPhone使用了堅固的金屬外殼和防摔膠邊,能夠承受高達2米的跌落,不用擔心手機碎屏或損壞。

- **耐寒**: TopPhone具有優異的低溫性能,能夠在零下20度的環境中正常運作,不用擔心手機電池耗盡或無法開機。

- **自動對焦**: TopPhone配備了先進的自動對焦技術,能夠快速準確地捕捉目標,讓您拍出清晰的照片和影片。

- **9600萬畫素**: TopPhone擁有高達9600萬畫素的後置鏡頭,能夠拍出細膩的細節和豐富的色彩,讓您記錄每一個美好的瞬間。

為了慶祝過年和感謝您的支持,我們特別為您準備了以下兩個行銷活動:

- **買一送一**: 只要您在本月內購買一台TopPhone手機,您就可以免費獲得另一台同款的TopPhone手機,您可以自己使用或送給親友,享受雙倍的驚喜和快樂。

- **抽獎活動**: 凡購買TopPhone手機的客戶,都可以參加我們的抽獎活動,有機會贏得以下豐富的獎品:

  - 一等獎: 一台最新款的筆記型電腦
  - 二等獎: 一台智能平板電腦
  - 三等獎: 一台無線藍牙耳機
  - 四等獎: 一個可愛的公仔
  - 五等獎: 一張50元的禮券

不要再猶豫了,趁著過年還沒到,快來訂購您心儀的TopPhone手機吧! 讓我們一起迎接一個充滿歡樂和驚喜的新年!

14-1-3　設計廣告短片腳本

前一小節我們有了行銷活動,也可以進一步要求 Bing Chat 協助我們設計廣告短片的腳本,請輸入「我想為『9600 萬畫素拍出新年新希望』拍一個廣告短片,你可以設計腳本嗎」。

> 我想為「9600萬畫素拍出新年新希望」拍一個廣告短片,你可以設計腳本嗎

✓　正在為您產生解答...

我很高興您想要為「9600萬畫素拍出新年新希望」拍一個廣告短片,這是一個很有創意的主題。我嘗試為您設計了一個可能的廣告腳本,您可以參考一下:

廣告腳本:

- 鏡頭一:一個年輕的男孩和女孩在一個熱鬧的廣場上,手牽手走著,他們的臉上洋溢著幸福的笑容。旁白說:「新的一年,是一個充滿希望和夢想的開始。」

- 鏡頭二:男孩拿出一台TopPhone手機,對著女孩說:「讓我們用這台9600萬畫素的TopPhone手機,拍下我們的美好時光吧!」女孩點頭同意,他們相擁而笑,男孩按下快門。

- 鏡頭三:手機屏幕上顯示出他們的合照,照片清晰細膩,色彩豐富,他們的笑容和背景的煙火都被完美捕捉。旁白說:「TopPhone手機,讓您用9600萬畫素拍出新年新希望。」

- 鏡頭四:手機屏幕上出現TopPhone的品牌logo和口號:「TopPhone,讓您的生活更精彩!」

- 鏡頭五:廣場上的人群歡呼起來,男孩和女孩相視而笑,他們將手機舉起,向鏡頭揮手。旁白說:「快來購買TopPhone手機吧!現在還有買一送一和抽獎活動等您參加!」

這是我為您設計的廣告腳本,希望您喜歡。如果您有任何建議或修改,請隨時告訴我。☺

14-2　IG 方式貼文與圖片

IG 方式貼文,整個文案生動引人關注,另外加上生成圖片,請輸入「我的網站銷售蘋果、葡萄、橘子,請以適合 IG 方式協助寫推廣文案」。

> 我的網站銷售蘋果, 葡萄, 橘子,請以適合IG方式協助寫推廣文案

✓　正在為您產生解答...

您好,感謝您對我的服務感興趣。我可以為您的網站銷售蘋果,葡萄,橘子,寫一些適合IG方式的推廣文案。以下是我為您準備的一些範例,您可以參考或修改:

- 您是否喜歡吃新鮮多汁的水果呢? 如果是的話,您一定要來看看我們的網站,我們有各種種類和品質的蘋果,葡萄,橘子,讓您隨時隨地享受水果的美味。快來訂購吧,只要滿300元,就免運費!

- 水果是健康生活的必備,它們富含維生素和纖維,能夠增強免疫力和消化功能。我們的網站提供了最新鮮和最優質的蘋果,葡萄,橘子,讓您每天都能吃到甜美的水果。現在下單,還有機會獲得我們的水果刀和水果盤的贈品!

- 您是否想要為自己或親友送上一份特別的禮物呢? 如果是的話,您一定不能錯過我們的水果禮盒,它包含了精選的蘋果,葡萄,橘子,以及精美的包裝和卡片。無論是生日、節日、或是感謝之情,我們的水果禮盒都能表達您的心意。趕快來我們的網站訂購吧,數量有限,售完為止!

下列是增加廣告圖片，請輸入「你能幫我設計一個廣告圖片嗎？」。

14-3 員工加薪的議題

許多人在職場期待加薪的心情，在此我們看 Bing Chat 如何處理。

14-3-1 適不適合向老闆提加薪

請輸入「工作久了，老闆都不加薪，你認為是否適合向老闆提加薪議題」。

工作久了, 老闆都不加薪, 你認為是否適合向老闆提加薪議題

✓　正在搜尋: **如何向老闆要求加薪**

✓　正在為您產生解答...

您好, 這是Bing。我很高興您對我的服務感興趣。我可以為您提供一些關於如何跟老闆談加薪的資訊和建議。

根據我從網路上搜尋到的結果 [1] [2] [3], 跟老闆談加薪是一件需要準備和策略的事情。您不能隨意地開口要求加薪, 而是要有充分的理由和證據來說服老闆您的價值和貢獻。以下是一些可能有用的談判技巧:

- 在談加薪之前, 您應該先了解自己的工作成績、市場價值和公司狀況。您可以列出自己在工作上的責任、成就和目標, 並說明您為公司或團隊帶來了哪些益處。您也可以通過網路、報紙、雜誌等渠道, 了解目前該職位的市場薪酬水平 [1] [2] [3]。

- 在談加薪時, 您應該主動開口提出您期望的薪水數字, 而不是等待老闆先開價。這是因為人在做決策時, 第一印象中或先前的記憶會影響後續的判斷, 這種現象稱為定錨效應 [1] [2]。如果您先報出一個合理但稍高於市場水平的數字, 對方就會以此為基準進行調整, 而不是以您目前的薪水為基準。

- 在談加薪時, 您應該保持積極、自信和專業的態度, 用事實和數據來支持您的要求, 而不是用情感或個人需求來訴苦或威脅。您也應該展現出對工作的熱情和忠誠度, 以及對未來的期待和計劃 [1] [2] [3]。

- 如果老闆不同意您的加薪要求, 您可以嘗試協商其他方面的補償, 比如獎金、休假、職稱、彈性工時等等 [1] [2] [3]。您也可以詢問老闆您還需在哪些方面加強或改進, 以期在下次談判時有更好的表現。

- 如果老闆仍然拒絕您的加薪要求, 您可以考慮是否要繼續留在這個公司或尋找其他更適合您的工作機會 [1] [2] [3]。在做出決定之前, 您應該仔細衡量自己的職涯目標、發展空間和生活品質等因素。

以上是我為您提供的一些關於如何跟老闆談加薪的資訊和建議。希望對您有所幫助。如果您有任何其他問題或需求, 歡迎再次與我聯絡。☺

深入了解: | 1. managertoday.com.tw | 2. vogue.com.tw | 3. bing.com | +2 更多 |　9 之 30 ●

(?) | 我應該如何準備談判? | 有沒有其他的協商技巧? | 你認為加薪要求多少比較合理呢? |

14-3-2　請 Bing Chat 寫加薪的信件

請輸入「你協助寫一封請求老闆加薪的信件」。

你協助寫一封請求老闆加薪的信件

✓ 正在為您產生解答...

您好，這是Bing。我很高興您對我的服務感興趣。我可以為您協助寫一封請求老闆加薪的信件。

根據我從網路上搜尋到的結果，寫一封請求老闆加薪的信件需要注意以下幾點：

- 信件的語氣應該是正式、禮貌和尊重的，不要使用過於隨意或情緒化的詞語。
- 信件的內容應該是清晰、簡潔和有組織的，不要寫得過長或過於冗贅。
- 信件的結構應該包括以下幾個部分：
  - 開頭：表達您對老闆和公司的感激和敬意，並簡單介紹您的目的和主題。
  - 中間：列出您在工作上的責任、成就和貢獻，並提供具體的事實和數據來支持您的加薪要求。同時，也要展現出您對工作的熱情和忠誠度，以及對未來的期待和計劃。
  - 結尾：重申您的加薪要求，並表達您願意與老闆進行進一步的溝通和協商。最後，感謝老闆的時間和關注，並期待老闆的回覆。

以下是我為您寫的一個可能的信件範例，您可以參考或修改：

親愛的老闆：

您好，我是貴公司的XX部門的XX職員，我在這裡工作了XX年。首先，我想感謝您給我這個工作機會，讓我能夠在這個優秀的團隊中學習和成長。我非常欣賞您對我的指導和支持，也非常享受我在這裡所做的工作。

我寫這封信是想向您提出一個加薪要求。在過去的一年中，我在工作上取得了以下幾項成就：

- 我負責了XX項重要的項目，並成功地完成了它們。這些項目為公司帶來了XX萬元的收入，節省了XX萬元的成本，提高了XX%的效率。
- 我主動學習了XX方面的新技能和知識，並將它們應用到我的工作中。這些技能和知識讓我能夠更好地解決問題，創造創新，提升品質。
- 我積極參與了XX次的培訓和研討會，並與同事和客戶分享了我的心得和建議。這些活動讓我能夠增強我的專業能力和人際關係。

根據以上的表現，我認為我有資格獲得一個合理而公平的加薪。根據我從網路上查詢到的資料，目前市場上相同職位和資歷的人員平均薪水是XX元，而我的目前薪水是XX元。因此，我希望您能考慮將我的薪水調整到XX元，這個數字是根據我的工作成績和市場水平而定的。

我非常珍惜我在貴公司的工作機會，也非常期待與您和團隊一起創造更多的成果和價值。我願意與您進行進一步的溝通和協商，以達成一個雙方都滿意的結果。請您在方便的時候回覆我，讓我知道您對我的加薪要求的看法。

再次感謝您的時間和關注，並期待您的回覆。

敬上

XX職員

14-4　企業調漲折扣議題

　　一個新品牌的企業，在進入市場初期常常會被要求低折扣，經過幾年新品牌可能長大，為了要有合理競爭力，因此會想提升賣場折扣，下列是要求 Bing Chat 寫這方面的信件，請輸入「我的公司成立時，因為是新品牌，被要求用比較低的折扣銷售到 A 賣場，甚至是低於同業，現在公司已經站穩腳跟，想要提高折扣到同業水準，請協助撰寫這方面的信件」。

> 我的公司成立時, 因為是新品牌, 被要求用比較低的折扣銷售到A賣場, 甚至是低於同業, 現在公司已經站穩腳跟, 想要提高折扣到同業水準, 請協助撰寫這方面的信件

✓　正在為您產生解答...

您好，這是Bing。我很高興您對我的服務感興趣。我可以為您協助撰寫一封要求提高折扣到同業水準的信件。

根據我從網路上搜尋到的結果，要求提高折扣到同業水準的信件需要注意以下幾點：

- 信件的語氣應該是正式、禮貌和合作的，不要使用過於強硬或敵對的詞語。
- 信件的內容應該是清晰、簡潔和有組織的，不要寫得過長或過於冗贅。
- 信件的結構應該包括以下幾個部分：
  - 開頭：表達您對A賣場的感謝和敬意，並簡單介紹您的目的和主題。
  - 中間：列出您公司的發展和成就，並提供具體的數據和證據來支持您的要求。同時，也要說明您公司與A賣場的合作關係和互利性，以及提高折扣對雙方的好處。
  - 結尾：重申您的要求，並表達您願意與A賣場進行進一步的溝通和協商。最後，感謝A賣場的時間和關注，並期待A賣場的回覆。

以下是我為您寫的一個可能的信件範例，您可以參考或修改：

親愛的A賣場：

您好，我是XX公司的XX職員，我們公司是一個專業生產XX產品的新品牌。首先，我想感謝您給我們這個合作機會，讓我們能夠在貴賣場銷售我們的產品。我非常欣賞您對我們的支持和信任，也非常享受我們之間的合作關係。

我寫這封信是想向您提出一個提高折扣到同業水準的要求。在過去的一年中，我們公司在產品開發、品質控制、市場推廣等方面取得了以下幾項成就：

- 我們公司成功地開發了XX種新型XX產品，並獲得了XX項專利和XX項獎項。這些產品具有XX方面的優勢和創新性，並受到了消費者和媒體的廣泛好評。
- 我們公司嚴格地執行了XX標準和XX系統，確保了產品的高品質和安全性。我們公司通過了XX認證和XX檢測，並獲得了XX等級和XX評價。
- 我們公司積極地進行了XX種形式和規模的市場推廣活動，包括XX、XX、XX等。這些活動有效地提升了我們品牌的知名度和美譽度，並吸引了大量的新客戶和忠實客戶。

根據以上的表現，我們公司已經成為了XX產業中的一個有競爭力和有潛力的新品牌。我們的產品在貴賣場的銷售額和銷售量也有了顯著的增長，為貴賣場帶來了可觀的利潤和口碑。

然而，我們公司目前在賣賣場的折扣水準是XX%，這是我們公司成立時，為了打入市場而同意的一個比較低的折扣。根據我從網路上查詢到的資料，目前同業中相類型和品質的產品在賣賣場的平均折扣水準是XX%。因此，我們公司希望您能考慮將我們的折扣調整到XX%，這個數字是根據我們公司的發展和成就，以及市場水平而定的。

我們非常珍惜我們與賣賣場的合作關係，也非常期待與賣賣場共同創造更多的商機和價值。我們相信，提高折扣到同業水準不僅能夠反映出我們公司的實力和地位，也能夠增加我們產品的吸引力和競爭力，從而促進雙方的銷售和利潤。我們願意與您進行進一步的溝通和協商，以達成一個雙方都滿意的結果。請您在方便的時候回覆我，讓我知道您對我的要求的看法。

再次感謝您的時間和關注，並期待您的回覆。

敬上

XX職員

14-5　企業公告

這類型的文件，我們可以使用 Bing Chat 生成。也可以善用 Copilot 生成文件，然後複製到 Word 365，下列會分別說明。

14-5-1　旅遊公告

❏ 方法 1：Bing Chat 環境

以下是公司旅遊的公告，有了 Bing Chat 真是省事很多，請輸入「請寫公告，公司將辦 10 天員工旅遊，地點是義大利，時間是 10 月 10 日」。

> 請寫公告, 公司將辦10天員工旅遊, 地點是義大利, 時間是10月10日

✓ 正在為您產生解答...

親愛的員工們：

我很高興地宣布，我們公司將於10月10日至10月19日舉辦一次10天的員工旅遊，地點是美麗而浪漫的義大利。這是一個難得的機會，讓我們能夠放鬆身心，增進彼此的了解和友誼，同時欣賞義大利的風光和文化。

我們的旅遊行程包括以下幾個城市和景點：

- 羅馬：義大利的首都和歷史中心，有許多古老而壯觀的建築和遺跡，如羅馬競技場、梵蒂岡、西班牙階梯等。
- 威尼斯：義大利的水上城市，有著迷人的運河和橋樑，以及豐富的藝術和音樂，如聖馬可廣場、水上巴士、嘉年華等。
- 佛羅倫斯：義大利的文藝復興之都，有著無數的美術館和教堂，展示了義大利最偉大的畫家和雕塑家的作品，如烏菲茲美術館、聖母百花大教堂、米開朗基羅的大衛像等。

> ● 那不勒斯：義大利的南部港口城市，有著熱情而活潑的氣氛，以及美味而多樣的美食，如披薩、海鮮、冰淇淋等。還可以從那不勒斯乘船前往附近的卡普里島和龐貝古城等景點。
>
> 我們已經為您預訂了舒適而方便的飯店和交通工具，您只需要準備好您的護照、行李和心情，就可以享受這次難忘的旅程。
>
> 如果您想要參加這次員工旅遊，請在9月25日前填寫並回傳附上的報名表。如果您有任何問題或建議，請隨時聯絡我們。
>
> 期待與您一起在義大利見面！
>
> XX公司

❑　**方法 2：Copilot 視窗與 Word 365**

　　請開啟 Edge 瀏覽器新的標籤視窗，先開啟網路版的 Word 365，然後開啟 Copilot 視窗，此時視窗如下：

　　請點選 Copilot 視窗的撰寫標籤，題材欄位輸入「請寫公告，公司將辦 10 天員工旅遊，地點是義大利，時間是 10 月 10 日」，語氣欄位選擇悠閒，格式欄位選擇構想，長度選擇中，然後按產生草稿鈕。這時可以在預覽欄位看到生成的公告，按一下新增到網站，就可以將生成的草稿複製到網路版的 Word 365，可以參考下列結果。

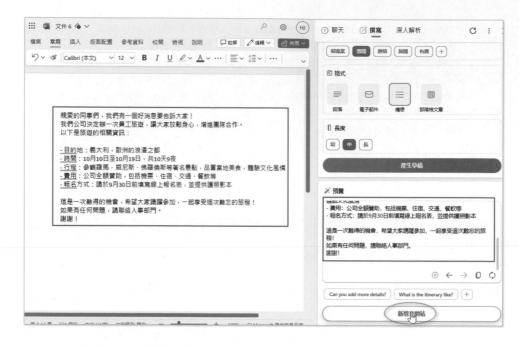

14-5-2　參展公告

❑　**方法 1：Bing Chat 環境**

請輸入「請撰寫公文給所有客戶，12 月 10 日起，連續 5 天本公司將在台北世貿中心參加電腦展」。

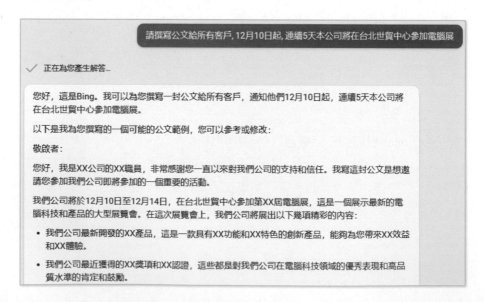

- 我們公司即將推出的XX服務和XX方案，這些都是為了滿足您不同的需求和期望，並提供您更多的選擇和優惠。

我們非常希望您能夠親臨我們的展位，與我們的工作人員交流和互動，並親自體驗我們的產品和服務。我們相信，您一定會對我們的展示感到滿意和驚喜。

如果您想要參加這次電腦展，請在12月5日前填寫並回傳附上的報名表。如果您有任何問題或建議，請隨時聯絡我們。

期待與您在台北世貿中心見面！

此致

敬禮

XX公司

❏　方法 2：Copilot 視窗與 Word 365

建立環境相關細節可以參考前一小節，請點選 Copilot 視窗的撰寫標籤，題材欄位輸入「請撰寫公文給所有客戶，12 月 10 日起，連續 5 天本公司將在台北世貿中心參加電腦展」，語氣欄位選擇很專業，格式欄位選擇電子郵件，長度選擇中，然後按產生草稿鈕。這時可以在預覽欄位看到生成的公告，按一下新增到網站，就可以將生成的草稿複製到網路版的 Word 365，可以參考下列結果。

14-6　業務主管的面試

14-6-1　Bing Chat 的題目回應

　　筆者請求 Bing Chat 協助面試業務主管，為了要讓 Bing Chat 可以更具體的認識筆者，所以筆者先告知自己的學經歷背景，因為是請求協助，Bing Chat 不僅提出問題，同時也給了筆者非常適切的建議答案。此實例，請輸入「我是明志科技大學經管系畢業，精通英文，有 8 年工作經驗，有 5 年國內電子產品銷售經驗，3 年海外業務銷售經驗，我想應徵國際公司的業務主管，你可不可以擔任面試官，協助我模擬面試」。

> 我是明志科技大學經管系畢業, 精通英文, 有8年工作經驗, 有5年國內電子產品銷售經驗, 3年海外業務銷售經驗, 我想應徵國際公司的業務主管, 你可不可以擔任面試官, 協助我模擬面試

> 當然可以, 我很樂意協助您模擬面試。以下是一些可能的面試問題:
>
> 1. 您可以分享一下您在電子產品銷售方面的經驗嗎?
>
> 2. 您在海外業務銷售方面有哪些重要的學習和成就?
>
> 3. 您如何處理與國際客戶的關係?
>
> 4. 您能否提供一個例子, 說明您如何解決過去工作中的困難或挑戰?
>
> 5. 作為業務主管, 您將如何帶領和激勵您的團隊?
>
> 請您嘗試回答這些問題, 我將提供反饋來幫助您準備面試。加油!
>
> 1 之 30 ●

14-6-2　請求 Bing Chat 給參考答案

請輸入「你可不可以給我參考答案」。

你可不可以給我參考答案

當然可以，以下是一些可能的答案供您參考：

1. **您可以分享一下您在電子產品銷售方面的經驗嗎？**
   - 我在電子產品銷售方面有5年的經驗。我主要負責產品的推廣和銷售，並與客戶建立長期的合作關係。我對市場趨勢有深入的理解，並能根據市場需求調整銷售策略。

2. **您在海外業務銷售方面有哪些重要的學習和成就？**
   - 我在海外業務銷售方面有3年的經驗。我成功地開拓了多個新市場，並與多家國際公司建立了合作關係。我學會了如何適應不同的文化和商業習慣，並能有效地與不同背景的人溝通。

3. **您如何處理與國際客戶的關係？**
   - 我認為與國際客戶建立良好關係的關鍵是尊重和理解他們的文化。我會花時間學習他們的商業習慣和禮儀，並在溝通中展現尊重。此外，我也會定期與他們保持聯繫，了解他們的需求和反饋。

4. **您能否提供一個例子，說明您如何解決過去工作中的困難或挑戰？**
   - 在我過去的工作中，我曾遇到一個挑戰是如何提高產品的市場份額。我首先分析了市場趨勢和競爭對手的策略，然後制定了一個新的銷售策略，包括改進產品定位和推廣方式。這個策略成功地提高了我們產品的市場份額。

5. **作為業務主管，您將如何帶領和激勵您的團隊？**
   - 作為業務主管，我會設定清晰的目標並確保團隊成員理解這些目標。我會定期與團隊成員進行一對一的會議，了解他們的需求和困難，並提供必要的支援。此外，我也會認可和獎勵優秀的表現，以激勵團隊成員努力工作。

請注意，這些只是參考答案，最好還是根據自己的實際經驗來回答。祝您面試成功！

使用上述參考答案，可以讓自己面試時比較篤定。

第 15 章
提升 Excel 效率到數據分析

Excel 是辦公室最常用的軟體，有時候我們忘記如何操作、如何使用函數，這時可以將 Bing Chat 當作工作助理，將情況描述，讓 Bing Chat 告訴你執行方式或步驟。

15-1　詢問 Excel 基本操作

筆者詢問「我想將 B2 儲存格的內容放在 B2:G2 間，跨欄置中對齊，同時前景顏色設為藍色，背景顏色設為淺黃色，應該如何操作」，可以得到下列 Bing Chat 的回答。

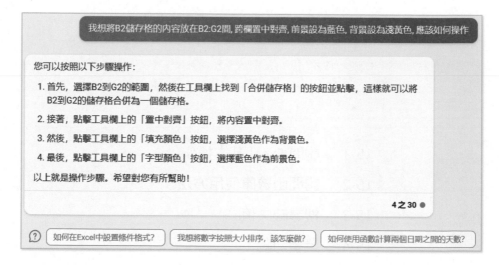

從上述答案，筆者確定 Bing Chat 可以勝任辦公室助手，協助我們處理 Excel 基礎操作事宜。

15-2　詢問函數庫使用方法

函數有幾百個，坦白說即便是每天使用 Excel 辦公室的人，也很難

記住應該如何使用，下列筆者詢問 DMAX( ) 函數的用法，得到下列結果。

從上述實例，我們可以確認 Bing Chat 的確可以當作我們 Excel 函數庫的活字典。

15-3 搜尋缺失值

有一個 Excel 檔案 ch15_1.xlsx 工作表內容如下，假設我想要找尋缺失值，如果找到則在該列填上 Yes，否則填上 No。

	A	B	C	D	E	F	G
1							
2		深智業務業績表					
3		姓名	第一季	第二季	第三季	第四季	缺失值
4		許家禎	88000		88560	58000	
5		黃清元	98010	77000	88900	90000	
6		葉家家	78000	56000		48000	

下列是筆者的輸入，「Excel 工作表 C4:F6 儲存格式業績資訊，我想要檢查是否有缺失值，然後將結果放在 G4:G6，如果該列有缺失直輸出 Yes」，與 Excel 的回應。

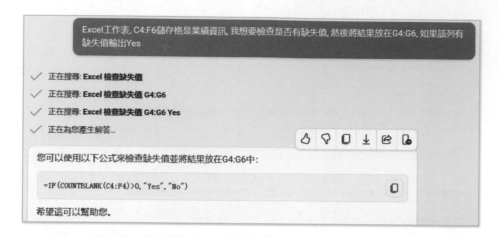

筆者複製上述公式，貼到 G4 儲存格，然後複製此公式到 G5:G6，可以得到下列結果 (ch15_1out.xlsx)。

G4		:	× ✓ *fx*	=IF(COUNTBLANK(C4:F4)>0,"Yes","No")			
	A	B	C	D	E	F	G	H
1								
2		深智業務業績表						
3		姓名	第一季	第二季	第三季	第四季	缺失值	
4		許家禎	88000		88560	58000	Yes	
5		黃清元	98010	77000	88900	90000	No	
6		葉家家	78000	56000		48000	Yes	

註　Bing Chat 回應的答案比 ChatGPT 要好。

15-4 業績加總

有一個 Excel 檔案 ch15_2.xlsx 工作表內容如下，假設我要計算業績加總，然後將結果存入 G4:G6。

	A	B	C	D	E	F	G
1							
2		深智業務業績表					
3		姓名	第一季	第二季	第三季	第四季	總計
4		許家禎	88000	68000	88560	58000	
5		黃清元	98010	77000	88900	90000	
6		葉家家	78000	56000	75400	48000	

下列是筆者的輸入「有一個業績資料是在 C4:F6, 我想將每一列的業績加總放在 G4:G6，應該如何寫這個函數」，與 Bing Chat 的回答。

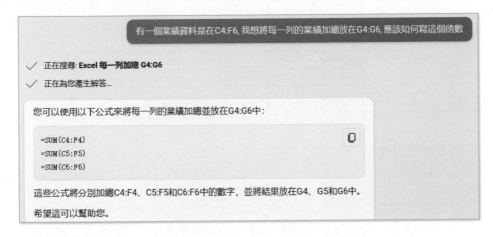

筆者複製上述公式，貼到 G4 儲存格，然後複製此公式到 G5:G6，可以得到下列結果 (ch15_2out.xlsx)。

	A	B	C	D	E	F	G
1							
2				深智業務業績表			
3		姓名	第一季	第二季	第三季	第四季	總計
4		許家禎	88000	68000	88560	58000	302560
5		黃清元	98010	77000	88900	90000	353910
6		葉家家	78000	56000	75400	48000	257400

G4 = =SUM(C4:F4)

15-5 業績排名

有一個 Excel 檔案 ch15_3.xlsx 工作表內容如下，假設我要計算業績排名，然後將結果存入 F4:F6，同時將名次的姓名填入 G4:G6。

	A	B	C	D	E	F	G
1							
2		深智業績表			前3名		
3		姓名	業績		名次	業績	姓名
4		王德勝	89200		1		
5		陳新興	91000		2		
6		許嘉容	88300		3		
7		李家家	79200				
8		王浩	99800				

　　下列是筆者的輸入「有一個業績資料是在 B4:C8，其中 B4:B8 是業務員的名字，C4:C8 是業務員的業績，請設計函數將前 3 名的業績放在 F4:F6」，與 Bing Chat 的回答。

有一個業績資料是在B4:C8, 其中B4:B8是業務員的名字, C4:C8是業務員的業績, 請設計函數將前3名次的業績放在F4:F6

✓　正在搜尋: Excel 每一列加總 G4:G6

✓　正在搜尋: Excel 業績資料 B4:C8 前三名

✓　正在搜尋: Excel 函數 複製到多個儲存格

✓　正在為您產生解答...

您可以使用以下公式來將前三名次的業績放在F4:F6中：

```
=LARGE($C$4:$C$8, 1)
=LARGE($C$4:$C$8, 2)
=LARGE($C$4:$C$8, 3)
```

這些公式將分別返回業績資料範圍中的前三名業績，並將它們放在F4、F5和F6中。

希望這可以幫助您。

　　筆者複製上述公式，貼到 F4 儲存格，可以得到下列結果。

| F6 | : × ✓ fx | =LARGE($C$4:$C$8,3) |

	A	B	C	D	E	F	G
1							
2		深智業績表			前3名		
3		姓名	業績		名次	業績	姓名
4		王德勝	89200		1	99800	
5		陳新興	91000		2	91000	
6		許嘉容	88300		3	89200	
7		李家家	79200				
8		王浩	99800				

註1 上述框線會消失，完整的框線是事後補的框線。

註2 其實 ChatGPT 這方面能力比較好，下列是其回答，同時可以執行 F4 儲存格複製到 F5:F6。

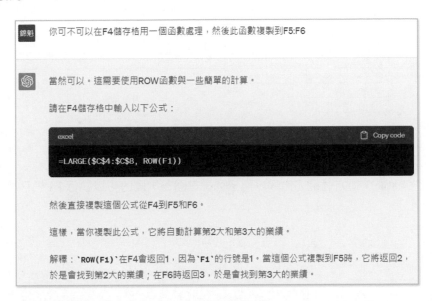

下一步是將名字放在 G4:G6，下列是筆者的輸入「有一個業績資料是在 B4:C8，其中 B4:B8 是業務員的名字，C4:C8 是業務員的業績，請設計函數將前 3 名次的業務員姓名放在 F4:F6」，與 Bing Chat 的輸出。

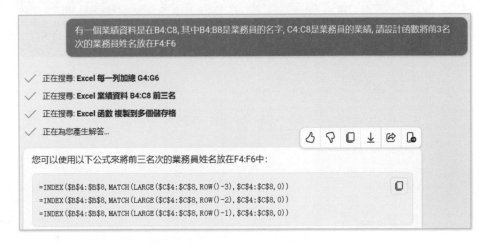

筆者分別將上述公式，貼到 G4:G6 儲存格，可以得到下列結果 (ch15_3out.xlsx)。

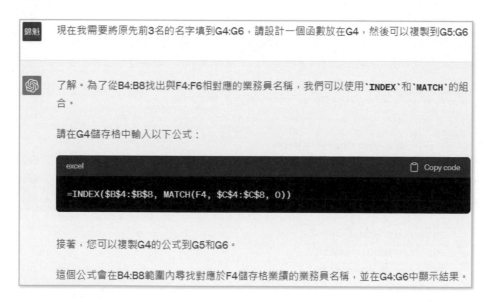

註1 上述框線會消失，完整的框線是事後補的框線。

註2 其實 ChatGPT 這方面能力比較好，下列是其回答，同時可以執行 F4 儲存格複製到
F5:F6。

> 錦魁
>
> 現在我需要將原先前3名的名字填到G4:G6，請設計一個函數放在G4，然後可以複製到G5:G6
>
> 了解。為了從B4:B8找出與F4:F6相對應的業務員名稱，我們可以使用 `INDEX` 和 `MATCH` 的組合。
>
> 請在G4儲存格中輸入以下公式：
>
> ```excel
> =INDEX($B$4:$B$8, MATCH(F4, $C$4:$C$8, 0))
> ```
>
> 接著，您可以複製G4的公式到G5和G6。
>
> 這個公式會在B4:B8範圍內尋找對應於F4儲存格業績的業務員名稱，並在G4:G6中顯示結果。

第 16 章

Bing Chat 輔助 Python 程式設計

許多資訊科系的學生夢想是可以到一流的公司擔任軟體工程師，網路流傳 Bing Chat 若是去應徵 Google 工程師，已經可以錄取初級工程師，這一節筆者將用實例了解 Bing Chat 的程式設計能力。

Bing Chat 的程式設計能力，經過會話交流讓筆者驚嘆！下列是詢問目前全球最熱門的前 3 大程式語言，請輸入「請告訴我目前最重要的 3 大程式語言」。

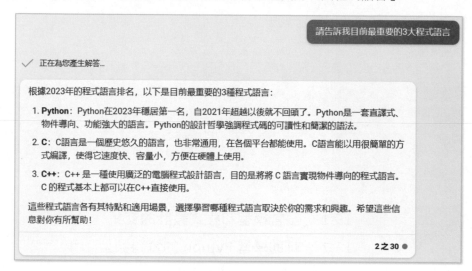

16-1　語言模型和程式設計的交集

❑　**Bing Chat 語言模型的基本概念**

語言模型是一種人工智慧技術，專門用於理解和生成自然語言本文。這些模型是以大量的數據進行訓練為基礎，學習語言的結構和語意。

❑　程式設計的核心

程式設計是一種創造性的過程，涉及使用程式語言來解決問題或實現特定功能。儘管這看似與自然語言無關，但實際上，程式設計也需要一種「語言」來表達邏輯和指令。

❑　交集的出現

傳統上，語言模型和程式設計被視為兩個相對獨立的領域。然而，隨著語言模型

的進步，這兩個領域開始出現交集。以下是一些主要的交集點：

1. 程式碼生成：先進的語言模型如 Bing Chat 能夠生成程式語言的程式碼，這不僅可以加速開發過程，還可以作為一種創新的解決方案生成工具。

2. 程式碼檢查：語言模型可以用於自動審查程式碼，識別出可能的錯誤或不良實作。

3. 自然語言查詢：開發者可以使用自然語言查詢來獲取片段程式碼或解決方案，而不需要進行繁瑣的搜索。

4. 文件生成：自動生成程式碼註解或用戶手冊，減少手動文案撰寫的需求。

❑ 結論

語言模型和程式設計的這種交集開啟了一個全新的可能性空間，它允許我們以更高效、更智慧的方式進行軟體開發。隨著技術的不斷發展，我們可以預見這種交集將帶來更多創新和機會。

16-2 輔助學習 Python 的資料類型

16-2-1 Python 資料型態

讓 Bing Chat 告訴我們 Python 的資料型態，輸入「請說明 Python 的資料型態」。

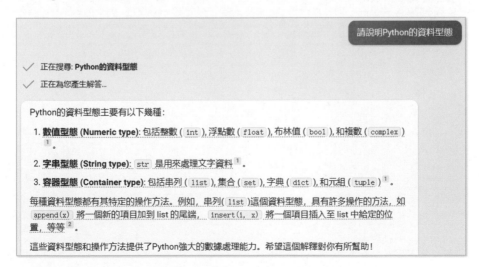

16-2-1　舉例說明數值型態的運算

筆者請求 Bing Chat 舉例說明，輸入「請舉例數值型態的運算」。

上述 Bing Chat 會輸出實例程式，為了方便閱讀，筆者將 Bing Chat 的程式轉成一般程式。

註1 每個程式第一列是程式編號，這是筆者自行加註，方便讀者閱讀。

註2 程式碼左邊的列號，也是筆者自行加註，方便讀者閱讀。

```
1   # ch16_1.py
2   # 整數運算
3   a = 5
4   b = 2
5
6   print("整數運算：")
7   print("a + b =", a + b)    # 加法
8   print("a - b =", a - b)    # 減法
9   print("a * b =", a * b)    # 乘法
10  print("a / b =", a / b)    # 除法
11  print("a // b =", a // b)  # 整數除法
12  print("a % b =", a % b)    # 餘數
13  print("a ** b =", a ** b)  # 指數
14
15  # 浮點數運算
16  c = 5.0
17  d = 2.0
18
19  print("\n浮點數運算：")
20  print("c + d =", c + d)    # 加法
21  print("c - d =", c - d)    # 減法
22  print("c * d =", c * d)    # 乘法
23  print("c / d =", c / d)    # 除法
24
25  # 布林值運算
26  e = True
27  f = False
28
29  print("\n布林值運算：")
30  print("e and f =", e and f)  # 邏輯且
31  print("e or f =", e or f)    # 邏輯或
32  print("not e =", not e)      # 邏輯非
```

執行結果

```
==================== RESTART: D:/Bing/ch16/ch16_1.py ====================
整數運算：
a + b = 7
a - b = 3
a * b = 10
a / b = 2.5
a // b = 2
a % b = 1
a ** b = 25

浮點數運算：
c + d = 7.0
c - d = 3.0
c * d = 10.0
c / d = 2.5

布林值運算：
e and f = False
e or f = True
not e = False
```

16-3 Python 的流程控制

輸入「請說明 Python 的流程控制有哪些」。

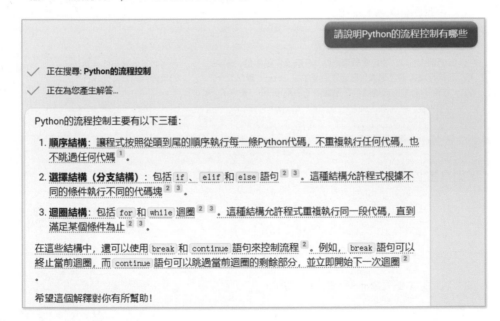

16-3-1 if 和 else

下列是請 Bing Chat 舉例說明選擇結構的用法，輸入「請舉例 Python 的 if 和 else」。

```
1   # ch16_2.py
2   # 定義一個變數
3   number = 5
4
5   # 使用if和else來判斷數字是否大於0
6   if number > 0:
7       print("數字大於0")
8   else:
9       print("數字不大於0")
```

執行結果

```
======================== RESTART: D:/Bing/ch16/ch16_2.py ========================
數字大於0
```

在這個範例中，`if` 語句會檢查條件（在這個例子中是 `number > 0`）是否為真。如果條件為真，則執行縮排的代碼塊（在這個例子中是 `print("數字大於0")`）。如果條件為假，則執行 `else` 後面的縮排的代碼塊（在這個例子中是 `print("數字不大於0")`）。

16-3-2　for 迴圈

下列是請 Bing Chat 舉例說明 for 迴圈的用法，輸入「請舉例 Python 的 for 迴圈」。

```
1   # ch16_3.py
2   # 建立一個串列
3   numbers = [1, 2, 3, 4, 5]
4
5   # 使用for迴圈來遍歷串列中的每一個元素
6   for num in numbers:
7       print(num)
```

執行結果

```
==================== RESTART: D:/Bing/ch16/ch16_3.py ====================
1
2
3
4
5
```

在這個範例中，`for` 迴圈會遍歷 `numbers` 串列中的每一個元素，並將每一個元素賦值給變數 `num`，然後執行縮排的代碼塊 (在這個例子中是 `print(num)`)。這樣，它會依序印出串列中的每一個數字。

16-4 Python 串列的用法

下列是請 Bing Chat 舉例說明串列的用法，輸入「請說明 Python 的串列用法」。

請說明Python的串列用法

✓ 正在搜尋: Python的串列用法

✓ 正在為您產生解答...

Python的串列 (list) 是一種資料結構，可以儲存多個有順序性的元素 [1] [2]。以下是一些基本的串列操作：

1. **建立串列**：可以直接使用中括號 `[]` 來建立串列，例如 `['a', 'b', 'c']` [1]。也可以使用 `list()` 函式或字串方法 `split()` 來建立串列 [1]。

2. **取得串列長度**：使用 `len()` 函式來取得串列的項目數 [1]。

3. **讀取串列元素**：可以使用索引 (index) 來讀取串列中的元素，例如 `my_list[index]` [2]。索引值從0開始，所以第一個元素的索引值為0，第二個元素的索引值為1，以此類推 [2]。

4. **增加元素到串列**：可以使用 `append()` 方法來將新的元素增加到串列的最後 [2]。

5. **修改串列元素**：可以直接通過索引來修改串列中的元素，例如 `my_list[index] = new_value` [1]。

> 6. **刪除串列元素**：可以使用 `del` 語句或者 `remove()` 方法來刪除串列中的元素 [1]。
>
> 7. **排序資料**：可以使用 `sort()` 方法或者 `sorted()` 函式來對串列進行排序 [3]。
>
> 以下是一個簡單的範例：

Python

AI 產生的代碼。請仔細檢視及使用。深入了解常見問題集。

```python
1   # ch16_4.py
2   # 建立一個串列
3   numbers = [5, 2, 9, 1]
4
5   # 取得串列長度
6   print(len(numbers))  # 輸出: 4
7
8   # 讀取串列元素
9   print(numbers[0])  # 輸出: 5
10
11  # 增加元素到串列
12  numbers.append(6)
13  print(numbers)  # 輸出: [5, 2, 9, 1, 6]
14
15  # 修改串列元素
16  numbers[0] = 10
17  print(numbers)  # 輸出: [10, 2, 9, 1, 6]
18
19  # 刪除串列元素
20  del numbers[0]
21  print(numbers)  # 輸出: [2, 9, 1, 6]
22
23  # 排序資料
24  numbers.sort()
25  print(numbers)  # 輸出: [1, 2, 6, 9]
```

執行結果

```
===================== RESTART: D:/Bing/ch16/ch16_4.py =====================
4
5
[5, 2, 9, 1, 6]
[10, 2, 9, 1, 6]
[2, 9, 1, 6]
[1, 2, 6, 9]
```

16-5　Python 元組的用法

下列是請 Bing Chat 舉例說明元組的用法，輸入「請說明 Python 的元組用法」。

請說明Python的元組用法

✓ 正在搜尋: **Python的元組用法**

✓ 正在為您產生解答…

Python的元組 (tuple) 是一種資料結構，可以儲存多個有順序性的元素 [1] [2]。以下是一些基本的元組操作:

1. **建立元組**: 可以直接使用小括號 `()` 來建立元組，例如 `('a', 'b', 'c')` [1]。也可以使用 `tuple()` 函式來建立元組 [1]。

2. **取得元組長度**: 使用 `len()` 函式來取得元組的項目數 [1]。

3. **讀取元組元素**: 可以使用索引 (index) 來讀取元組中的元素，例如 `my_tuple[index]` [2]。索引值從0開始，所以第一個元素的索引值為0，第二個元素的索引值為1，以此類推 [2]。

4. **修改元組**: 由於元組是不可變的，所以不能直接修改其內容。但是，可以先將元組轉換為列表，進行修改後再轉換回元組 [1] [2]。

5. **刪除元組**: Python不允許刪除元組中的單個項目，但可以使用 `del` 語句刪除整個元組 [2]

以下是一個簡單的範例:

Python

AI 產生的代碼。請仔細檢視及使用。深入了解常見問題集。

```python
1  # ch16_5.py
2  # 建立一個元組
3  fruits = ('apple', 'banana', 'cherry')
4
5  # 取得元組長度
6  print(len(fruits))  # 輸出: 3
7
8  # 讀取元組元素
9  print(fruits[0])  # 輸出: apple
10
11 # 修改元組
12 list_fruits = list(fruits)
13 list_fruits.append('durian')
14 fruits = tuple(list_fruits)
15 print(fruits)  # 輸出: ('apple', 'banana', 'cherry', 'durian')
16
17 # 刪除整個元組
18 del fruits
```

執行結果

```
===================== RESTART: D:/Bing/ch16/ch16_5.py =====================
3
apple
('apple', 'banana', 'cherry', 'durian')
```

16-6　Python 字典的用法

下列是請 Bing Chat 舉例說明字典的用法，輸入「請說明 Python 的字典用法」。

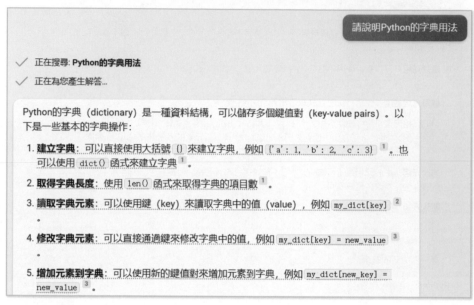

```
1   # ch16_6.py
2   # 建立一個字典
3   fruits = {'apple': 1, 'banana': 2, 'cherry': 3}
4
5   # 取得字典長度
6   print(len(fruits))  # 輸出: 3
7
8   # 讀取字典元素
9   print(fruits['apple'])  # 輸出: 1
10
11  # 修改字典元素
12  fruits['apple'] = 10
13  print(fruits)  # 輸出: {'apple': 10, 'banana': 2, 'cherry': 3}
14
15  # 增加元素到串列
16  fruits['durian'] = 5
17  print(fruits)  # 輸出: {'apple': 10, 'banana': 2, 'cherry': 3, 'durian': 5}
```

```
18
19  # 刪除串列元素
20  del fruits['apple']
21  print(fruits)  # 輸出: {'banana': 2, 'cherry': 3, 'durian': 5}
```

執行結果

```
==================== RESTART: D:/Bing/ch16/ch16_6.py ====================
3
1
{'apple': 10, 'banana': 2, 'cherry': 3}
{'apple': 10, 'banana': 2, 'cherry': 3, 'durian': 5}
{'banana': 2, 'cherry': 3, 'durian': 5}
```

16-7　說明函數的用法

下列是請 Bing Chat 舉例說明函數的用法，輸入「請說明 Python 的函數用法」。

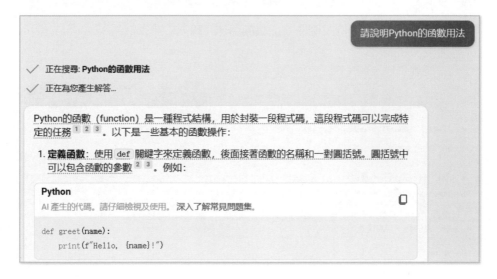

> 4. **回傳值**：函數可以通過 `return` 關鍵字來回傳一個值。這個值可以被賦值給一個變量 [2] [3]
> 。
>
> 5. **預設參數**：在定義函數時，可以為某些參數提供預設值 [4] 。

```
1  # ch16_7.py
2  def add(a, b):
3      return a + b
4
5  result = add(1, 2)
6  print(result)  # 輸出: 3
```

執行結果
```
=========================== RESTART: D:/Bing/ch16/ch16_7.py ===========================
3
```

16-7-1　請說明匿名 (lambda) 函數的用法

下列是請 Bing Chat 舉例說明匿名函數的用法，輸入「請說明 Python 匿名 (lambda) 函數的用法」。

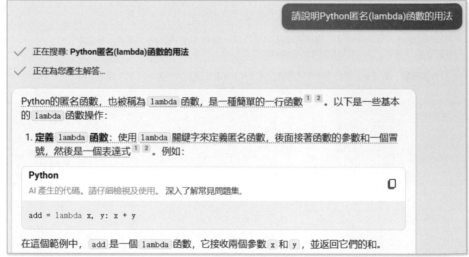

正在搜尋: **Python匿名(lambda)函數的用法**

正在為您產生解答...

Python 的匿名函數，也被稱為 `lambda` 函數，是一種簡單的一行函數 [1] [2] 。以下是一些基本的 `lambda` 函數操作：

1. **定義 `lambda` 函數**：使用 `lambda` 關鍵字來定義匿名函數，後面接著函數的參數和一個冒號，然後是一個表達式 [1] [2] 。例如：

> **Python**
> AI 產生的代碼。請仔細檢視及使用。深入了解常見問題集。
>
> ```python
> add = lambda x, y: x + y
> ```

在這個範例中，`add` 是一個 `lambda` 函數，它接收兩個參數 `x` 和 `y`，並返回它們的和。

2. **呼叫 `lambda` 函數**：在定義了 `lambda` 函數之後，可以通過函數名稱和一對圓括號來呼叫函數 [3] 。例如：

> **Python**
> AI 產生的代碼。請仔細檢視及使用。深入了解常見問題集。
>
> ```python
> result = add(1, 2)
> print(result)  # 輸出: 3
> ```

這就是 Python 的匿名 (lambda) 函數的基本用法。希望這個解釋對你有所幫助！

16-7-2 請說明高階函數的用法

下列是請 Bing Chat 舉例說明高階函數的用法，輸入「請說明 Python 高階函數的用法」。

請說明Python高階函數的用法

✓ 正在搜尋: **Python高階函數的用法**

✓ 正在為您產生解答...

Python的高階函數是一種特殊的函數，它可以接受一個或多個函數作為參數，或者返回一個函數 [1] [2]。以下是一些常見的高階函數：

1. `map()`：`map()` 是Python內置的高階函數，它接收一個函數 `f` 和一個列表，並通過把函數 `f` 依次作用在列表的每個元素上，得到一個新的列表並返回 [3]。

Python
AI 產生的代碼。請仔細檢視及使用。深入了解常見問題集。

```python
numbers = [1, 2, 3, 4, 5]
squares = map(lambda x: x**2, numbers)
print(list(squares))   # 輸出: [1, 4, 9, 16, 25]
```

2. `filter()`：`filter()` 函數用於過濾序列，過濾掉不符合條件的元素，返回由符合條件元素組成的新列表 [3]。

Python
AI 產生的代碼。請仔細檢視及使用。深入了解常見問題集。

```python
numbers = [1, 2, 3, 4, 5]
even_numbers = filter(lambda x: x % 2 == 0, numbers)
print(list(even_numbers))   # 輸出: [2, 4]
```

3. `reduce()`：`reduce()` 函數會對參數序列中元素進行累積。例如，如果參數列表為 `[s1, s2, s3, ..., sn]`，調用 `reduce(func)` 函數時，會進行如下操作：先將前兩個元素傳入 `func(s1,s2)` 函數，得到的結果再作為 `func()` 函數的第一個參數與第三個元素 `s3` 做運算，以此類推 [3]。

Python
AI 產生的代碼。請仔細檢視及使用。深入了解常見問題集。

```python
from functools import reduce
numbers = [1, 2, 3, 4, 5]
product = reduce(lambda x, y: x * y, numbers)
print(product)   # 輸出: 120
```

16-7-3　請說明內嵌 (nested) 函數的用法

下列是請 Bing Chat 舉例說明內嵌 (nested) 函數的用法，輸入「請說明 Python 內嵌 (nested) 函數的用法」。

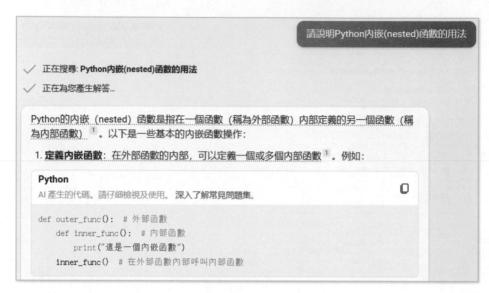

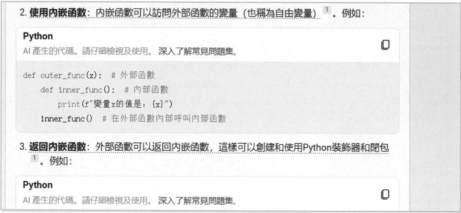

```python
1  # ch16_8.py
2  def outer_func(x):   # 外部函數
3      def inner_func(y):   # 內部函數
4          return x + y
5      return inner_func   # 返回內嵌函數
6
7  add_func = outer_func(5)   # 創建一個加法函數
8  print(add_func(10))   # 輸出: 15
```

執行結果 ====================== RESTART: D:/Bing/ch16/ch16_8.py ======================
15

16-7-4　請說明裝飾器的用法

　　下列是請 Bing Chat 舉例說明裝飾器 (Decorator) 的用法，輸入「請說明 Python 裝飾器 (Decorator) 函數的定義與用法」。

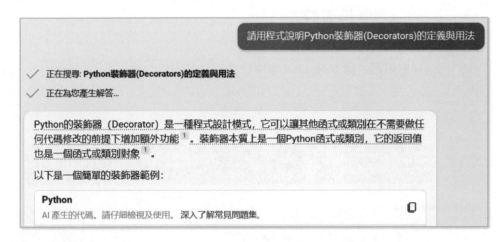

```
1   # ch16_9.py
2   # 定義一個裝飾器
3   def my_decorator(func):
4       def wrapper():
5           print("Before function call")
6           func()
7           print("After function call")
8       return wrapper
9
10  # 使用裝飾器
11  @my_decorator
12  def say_hello():
13      print("Hello!")
14
15  # 呼叫函式
16  say_hello()
```

執行結果 ====================== RESTART: D:/Bing/ch16/ch16_9.py ======================
Before function call
Hello!
After function call

在這個範例中，`my_decorator` 就是一個裝飾器。它接收一個函式 `func` 作為參數，並定義了一個新的函式 `wrapper`。在 `wrapper` 函式中，我們先印出一條訊息，然後呼叫 `func()`，最後再印出另一條訊息。最後，`my_decorator` 返回 `wrapper` 函式。

當我們使用 `@my_decorator` 來裝飾 `say_hello` 函式時，實際上就是將 `say_hello` 函式作為參數傳遞給 `my_decorator`，並將返回的函式 (也就是 `wrapper`) 賦值給 `say_hello`。因此，當我們呼叫 `say_hello()` 時，實際上呼叫的是 `wrapper()`。

16-8 專案題目協助

我們可以描述問題，讓 Bing Chat 專案協助設計此程式，輸入「請設計 Python 程式處理，『有一個品牌的汽車，前 3 年每年價值衰減 15%，請問原價是 100 萬的車輛，3 年後殘值是多少』，問題」。

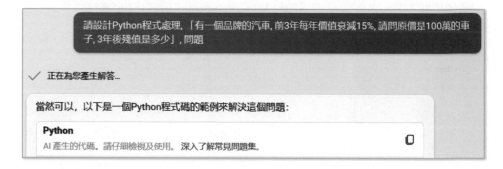

```
1  # ch16_10.py
2  # 定義原價和衰減率
3  original_price = 1000000
4  depreciation_rate = 0.15
5
6  # 計算3年後的價值
7  price_after_3_years = original_price
8  for _ in range(3):
9      price_after_3_years *= (1 - depreciation_rate)
10
11 print(f"3年後的車子價值為：{price_after_3_years}元")
```

執行結果

```
===================== RESTART: D:/Bing/ch16/ch16_10.py =====================
3年後的車子價值為：614125.0元
```

這段程式碼首先定義了汽車的原價和每年的價值衰減率。然後，它使用一個 `for` 迴圈來模擬每年的價值衰減。最後，它印出了3年後汽車的價值。

16-9 與 Bing Chat 進行程式設計的互動

16-9-1 設計程式計算 2 個數字的平均值

下列是輸入「請設計函數,輸入 2 個數字,然後可以計算平均值」。

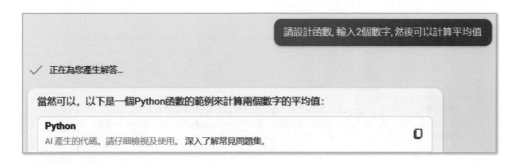

```
1  # ch16_11.py
2  def calculate_average(num1, num2):
3      return (num1 + num2) / 2
4
5  # 測試這個函數
6  average = calculate_average(10, 20)
7  print(f"平均值為 : {average}")
```

執行結果
```
================= RESTART: D:/Bing/ch16/ch16_11.py =================
平均值為:15.0
```

在這個範例中, `calculate_average` 函數接收兩個參數 `num1` 和 `num2` ,並返回它們的平均值。希望這個範例對你有所幫助!

16-9-2 計算鍵盤輸入的平均

主要是修改前一個程式,改為從鍵盤輸入。筆者輸入「請修改上述程式,num1 和 num2 改為從鍵盤輸入」。

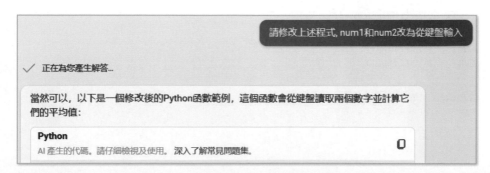

```
1   # ch16_12.py
2   def calculate_average():
3       num1 = float(input("請輸入第一個數字："))
4       num2 = float(input("請輸入第二個數字："))
5       return (num1 + num2) / 2
6
7   # 測試這個函數
8   average = calculate_average()
9   print(f"平均值為：{average}")
```

執行結果

```
===================== RESTART: D:/Bing/ch16/ch16_12.py =====================
請輸入第一個數字：15.2
請輸入第二個數字：20.3
平均值為：17.75
```

在這個範例中，`calculate_average` 函數使用 `input()` 函數來從鍵盤讀取兩個數字，並返回它們的平均值。請注意，由於 `input()` 函數返回的是字串，所以我們需要使用 `float()` 函數來將其轉換為浮點數。

16-9-3　修改從主程式輸入

前一小節的程式設計缺點是，輸入從函數輸入，這一小節改為從主程式輸入。請輸入「請修改程式，num1 和 num2 輸入改為從主程式讀取」。

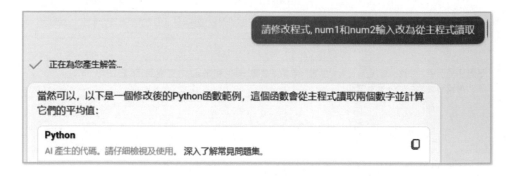

```
1    # ch16_13.py
2    def calculate_average(num1, num2):
3        return (num1 + num2) / 2
4
5    # 從主程式讀取兩個數字
6    num1 = float(input("請輸入第一個數字："))
7    num2 = float(input("請輸入第二個數字："))
8
9    # 測試這個函數
10   average = calculate_average(num1, num2)
11   print(f"平均值為：{average}")
```

執行結果 　與 ch16_12.py 相同。

> 在這個範例中，`calculate_average` 函數接收兩個參數 `num1` 和 `num2`，並返回它們的平均
> 值。我們在主程式中使用 `input()` 函數來從鍵盤讀取兩個數字，並將它們傳遞給
> `calculate_average` 函數。

16-9-4　修改設計 - 增加異常處理功能

程式實例 ch16_13.py 可以正常執行，但是如果輸入錯誤，例如：輸入了非數值，
程式會產生「紅色的錯誤訊息」而中斷。

```
=============== RESTART: D:/Bing/ch16/ch16_13.py ===============
請輸入第一個數字：15.a
Traceback (most recent call last):
  File "D:/Bing/ch16/ch16_13.py", line 6, in <module>
    num1 = float(input("請輸入第一個數字："))
ValueError: could not convert string to float: '15.a'
```

因此下列實例，要求 Bing Chat 更改設計，增加異常處理功能。輸入「請修改上述
程式，如果輸入錯誤會增加異常處理功能」。

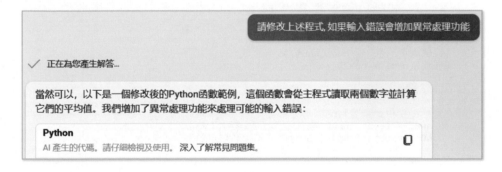

```python
1  # ch16_14.py
2  def calculate_average(num1, num2):
3      return (num1 + num2) / 2
4
5  try:
6      # 從主程式讀取兩個數字
7      num1 = float(input("請輸入第一個數字："))
8      num2 = float(input("請輸入第二個數字："))
9
10     # 測試這個函數
11     average = calculate_average(num1, num2)
12     print(f"平均值為：{average}")
13 except ValueError:
14     print("錯誤：輸入的不是一個有效的數字。")
```

執行結果

```
===================== RESTART: D:/Bing/ch16/ch16_14.py =====================
請輸入第一個數字：15.a
錯誤：輸入的不是一個有效的數字。
```

在這個範例中，我們使用 `try` 和 `except` 語句來處理可能的 `ValueError` 異常，這種異常可能會在嘗試將非數字的字串轉換為浮點數時發生。

上述程式的缺點是，如果輸入錯誤程式就結束。下列是要求 Bing Chat 修改為，如果輸入錯誤，可以重新輸入。請輸入「請修改上述程式，如果輸入錯誤會要求重新輸入」。

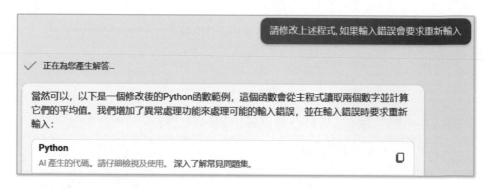

請修改上述程式,如果輸入錯誤會要求重新輸入

✓ 正在為您產生解答...

當然可以，以下是一個修改後的Python函數範例，這個函數會從主程式讀取兩個數字並計算它們的平均值。我們增加了異常處理功能來處理可能的輸入錯誤，並在輸入錯誤時要求重新輸入：

Python

AI 產生的代碼。請仔細檢視及使用。深入了解常見問題集。

```python
1  # ch16_15.py
2  def calculate_average(num1, num2):
3      return (num1 + num2) / 2
4
5  while True:
6      try:
7          # 從主程式讀取兩個數字
8          num1 = float(input("請輸入第一個數字："))
9          num2 = float(input("請輸入第二個數字："))
10
11         # 測試這個函數
12         average = calculate_average(num1, num2)
13         print(f"平均值為：{average}")
14         break   # 如果一切正常，則跳出迴圈
15     except ValueError:
16         print("錯誤：輸入的不是一個有效的數字。請重新輸入。")
```

執行結果

```
===================== RESTART: D:/Bing/ch16/ch16_15.py =====================
請輸入第一個數字：15.a
錯誤：輸入的不是一個有效的數字。請重新輸入。
請輸入第一個數字：15.2
請輸入第二個數字：16
平均值為：15.6
```

在這個範例中，我們使用 `while` 迴圈來不斷要求用戶輸入，直到用戶輸入了有效的數字為止。

16-10　閱讀程式與增加註解

16-10-1　Bing Chat 具有閱讀程式與修正錯誤的能力

有一個程式 ch16_16.py，內容如下：

```
1  # ch16_16.py
2  def division(x, y):
3      return x / y
4
5  print(division(10, 2))
6  print(division(5, 0))
7  print(division(6, 3))
```

執行結果

```
==================== RESTART: D:/Bing/ch16/ch16_16.py ====================
5.0
Traceback (most recent call last):
  File "D:/Bing/ch16/ch16_16.py", line 6, in <module>
    print(division(5, 0))
  File "D:/Bing/ch16/ch16_16.py", line 3, in division
    return x / y
ZeroDivisionError: division by zero
```

下列是將此程式當作輸入，同時 Bing Chat 回應的結果。

請說明下列程式的功能及問題點
```
# ch16_16.py
def division(x, y):
    return x / y

print(division(10, 2))
print(division(5, 0))
print(division(6, 3))
```

✓　正在為您產生解答…

這段程式碼定義了一個名為 `division` 的函數，該函數接收兩個參數 `x` 和 `y`，並返回它們的商（即 `x / y`）。然後，該程式碼呼叫這個函數三次，並印出每次呼叫的結果。

然而，這段程式碼有一個主要的問題：當第二個參數 `y` 為0時，試圖執行除法會導致一個 `ZeroDivisionError` 異常。在你的程式碼中，第二次呼叫 `division(5, 0)` 就會導致這種錯誤。

為了解決這個問題，你可以在 `division` 函數中添加一個檢查來確保 `y` 不為0。如果 `y` 為0，則函數可以返回一個錯誤訊息或特殊值，或者拋出一個自定義異常。以下是一種可能的解決方案：

Python

AI 產生的代碼。請仔細檢視及使用。深入了解常見問題集。　　　　　🗐

```
1   # ch16_17.py
2   def division(x, y):
3       if y == 0:
4           return "錯誤：除數不能為0"
5       else:
6           return x / y
7
8   print(division(10, 2))
9   print(division(5, 0))
10  print(division(6, 3))
```

執行結果

```
==================== RESTART: D:/Bing/ch16/ch16_17.py ====================
5.0
錯誤：除數不能為0
2.0
```

在這個修改後的版本中，如果嘗試除以0，`division` 函數將返回一個錯誤訊息，而不是拋出異常。希望這對你有所幫助！

　　從上述執行結果可以看到，Bing Chat 的確可以看得懂程式，同時協助我們修訂了錯誤。

16-10-2　增加程式註解

　　Python 程式設計時，程式含註解可以讓程式容易了解，此例輸入「請為上述程式增加註解」。

```
1   # ch16_18.py
2   # 定義一個名為 division 的函數，該函數接收兩個參數 x 和 y
3   def division(x, y):
4       # 函數返回兩個參數的商
5       return x / y
6
7   # 呼叫 division 函數，並將結果印出
8   print(division(10, 2))  # 輸出: 5.0
9
10  # 呼叫 division 函數，並將結果印出
11  # 注意：這裡會導致 ZeroDivisionError 異常，因為我們嘗試除以0
```

```
12  print(division(5, 0))   # 錯誤：除數不能為0
13
14  # 呼叫 division 函數，並將結果印出
15  print(division(6, 3))   # 輸出: 2.0
```

執行結果 與 ch16_17.py 相同。

16-10-3 增加 Docstring 函數註解

Python 程式設計時，可以使用 Docstring 觀念註解函數，請輸入「請增加為函數 division( ) 增加 Docstring 文件註解」。

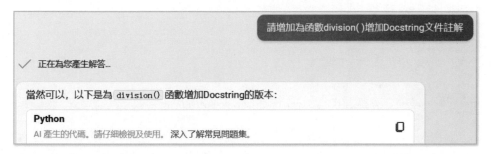

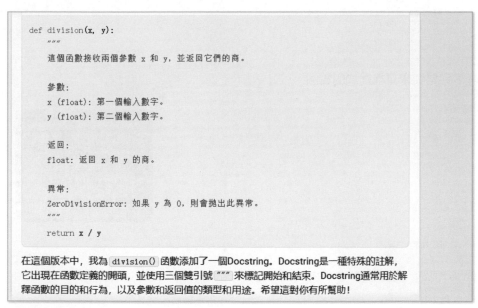

```python
def division(x, y):
    """
    這個函數接收兩個參數 x 和 y，並返回它們的商。

    參數:
    x (float): 第一個輸入數字。
    y (float): 第二個輸入數字。

    返回:
    float: 返回 x 和 y 的商。

    異常:
    ZeroDivisionError: 如果 y 為 0，則會拋出此異常。
    """
    return x / y
```

在這個版本中，我為 division() 函數添加了一個Docstring。Docstring是一種特殊的註解，
它出現在函數定義的開頭，並使用三個雙引號 """ 來標記開始和結束。Docstring通常用於解
釋函數的目的和行為，以及參數和返回值的類型和用途。希望這對你有所幫助！

16-11　重構程式

有時候我們寫的程式效率不好或是可讀性不好，這時可以請求 Bing Chat 協助我們重構程式，重構之後的程式，除了可以增加效率，也可以讓程式更加模組化，未來可以易於理解和維護。同時由 Bing Chat 修改的結果，可以看到矽谷高手的設計風格。

16-11-1　重構程式範例 1

有一個程式 ch16_19.py，內容如下：

```
1  # ch16_19.py
2  for i in range(1, 10):
3      for j in range(1, 10):
4          if j <= i:
5              print("aa", end="")
6      print()                    # 換列輸出
```

執行結果

```
===================== RESTART: D:/Bing/ch16/ch16_19.py =====================
aa
aaaa
aaaaaa
aaaaaaaa
aaaaaaaaaa
aaaaaaaaaaaa
aaaaaaaaaaaaaa
aaaaaaaaaaaaaaaa
aaaaaaaaaaaaaaaaaa
```

下列是要求重構程式的實例。

```
1  # ch16_19_refactored.py
2  for i in range(1, 10):
3      print("aa" * i)
```

在這個重構後的版本中，我們利用了Python字串的乘法操作來簡化程式碼。`"aa" * i` 會產生一個由 `i` 個 `"aa"` 組成的字串。這樣，我們就不需要内部的 `for` 迴圈和 `if` 語句了。希望這對你有所幫助！

16-11-2 重構程式範例 2

有一個程式 ch16_20.py，内容如下：

```
1  # ch16_20.py
2  scores = [33, 22, 41, 25, 39, 43, 27, 38, 40]
3  games = 0
4  for score in scores:
5      games += 1
6      if score < 30:                    # 小於30則不往下執行
7          continue
8      print(f"第 {games} 場得分 {score}")
```

執行結果

```
==================== RESTART: D:/Bing/ch16/ch16_20.py ====================
第 1 場得分 33
第 3 場得分 41
第 5 場得分 39
第 6 場得分 43
第 8 場得分 38
第 9 場得分 40
```

下列是重構的實例。

請重構下列實例
# ch16_20.py
scores = [33, 22, 41, 25, 39, 43, 27, 38, 40]
games = 0
for score in scores:
    games += 1
    if score < 30:   # 小於30則不往下執行
        continue
    print(f"第 {games} 場得分 {score}")

✓ 正在為您產生解答...

當然可以，以下是一個重構後的版本：

```
1  # ch16_20_refactored.py
2  scores = [33, 22, 41, 25, 39, 43, 27, 38, 40]
3
4  for i, score in enumerate(scores, start=1):
5      if score >= 30:
6          print(f"第 {i} 場得分 {score}")
```

在這個重構後的版本中，我們使用了 `enumerate()` 函數來同時獲得每場比賽的索引 (即場次) 和得分。`enumerate()` 函數的第二個參數 `start=1` 表示索引從1開始，而不是默認的0。這樣，我們就不需要額外的 `games` 變量來計數場次了。希望這對你有所幫助！

16-12　重寫程式

　　有時候看別人設計的程式，如果程式比較複雜，我們可能一時無法了解程式設計的邏輯，這時可以借助 Bing Chat 幫我們分析與解說程式。甚至我們也可以讓 Bing Chat 協助我們擴充功能。

16-12-1　解說程式同時加上註解

　　下列 ch16_21.py 是一個八皇后的程式設計。

```
1  # ch16_21.py
2  class Queens:
3      def __init__(self):
4          self.queens = size * [-1]
5          self.solve(0)
6          for i in range(size):
7              for j in range(size):
8                  if self.queens[i] == j:
9                      print('Q ', end='')
10                 else:
11                     print('. ',end='')
12             print()
13     def is_OK(self, row, col):
14         for i in range(1, row + 1):
15             if (self.queens[row - i] == col
16                 or self.queens[row - i] == col - i
17                 or self.queens[row - i] == col + i):
18                 return False
19         return True
20
21     def solve(self, row):
22         if row == size:
23             return True
24         for col in range(size):
25             self.queens[row] = col
```

```
26                    if self.is_OK(row, col) and self.solve(row + 1):
27                        return True
28            return False
29
30   size = 8
31   Queens()
```

執行結果

```
==================== RESTART: D:/Bing/ch16/ch16_21.py ====================
Q . . . . . . .
. . . Q . . . .
. . . . . . Q .
. . . . . Q . .
. . Q . . . . .
. . . . . . . Q
. Q . . . . . .
. . . . Q . . .
```

下列是請求 Bing Chat 閱讀與分析程式的執行過程，同時加上註解。

請說明下列程式的執行過程, 同時為這個程式加上註解

```
# ch16_21.py
class Queens:
    def __init__(self):
        self.queens = size * [-1]
        self.solve(0)
        for i in range(size):
            for j in range(size):
                if self.queens[i] == j:
                    print('Q ', end='')
                else:
                    print('. ',end='')
            print()
    def is_OK(self, row, col):
        for i in range(1, row + 1):
            if (self.queens[row - i] == col
                or self.queens[row - i] == col - i
                or self.queens[row - i] == col + i):
                return False
        return True
```

```
        def solve(self, row):
            if row == size:
                return True
            for col in range(size):
                self.queens[row] = col
                if self.is_OK(row, col) and self.solve(row + 1):
                    return True
            return False

        size = 8
        Queens()
```

✓　正在為您產生解答…

這段程式碼是用來解決八皇后問題的，八皇后問題是一個在8x8的棋盤上放置八個皇后，使得任何一個皇后都無法直接吃掉其他皇后的問題。以下是程式碼的註解：

Python

AI 產生的代碼。請仔細檢視及使用。深入了解常見問題集。　　　　　　　　　　　🗋

```
1   # ch16_21_bing.py
2   # 定義一個名為 Queens 的類別
3   class Queens:
4       # 初始化方法
5       def __init__(self):
6           # 初始化棋盤，每一行的皇后位置初始化為 -1
7           self.queens = size * [-1]
8           # 從第一行開始放置皇后
9           self.solve(0)
10          # 打印棋盤
11          for i in range(size):
12              for j in range(size):
13                  # 如果第 i 行的皇后位置在第 j 列，則打印 'Q '
14                  if self.queens[i] == j:
15                      print('Q ', end='')
16                  else:
17                      # 否則打印 '. '
18                      print('. ',end='')
19              print()
20
21      # 檢查在第 row 行、第 col 列放置皇后是否合法
22      def is_OK(self, row, col):
23          for i in range(1, row + 1):
24              # 如果有其他皇后在同一列或者同一對角線上，則返回 False
25              if (self.queens[row - i] == col
26                  or self.queens[row - i] == col - i
27                  or self.queens[row - i] == col + i):
28                  return False
29          # 否則返回 True
30          return True
31
32      # 在第 row 行放置皇后
33      def solve(self, row):
```

```
34          # 如果所有行都已經放置了皇后，則返回 True
35          if row == size:
36              return True
37          for col in range(size):
38              # 嘗試將第 row 行的皇后放在第 col 列
39              self.queens[row] = col
40              # 如果這種放置方式合法，並且在剩餘的行中也能合法地放置皇后，則返回 True
41              if self.is_OK(row, col) and self.solve(row + 1):
42                  return True
43          # 如果所有列都不合法，則返回 False
44          return False
45
46  # 棋盤的大小（也就是皇后的數量）
47  size = 8
48
49  # 創建 Queens 對象，並自動解決八皇后問題並打印棋盤
50  Queens()
```

16-12-2　重構此程式

上述程式「__init__」方法做了太多事情，這不是好的設計，請 Bing 重構這個程式。

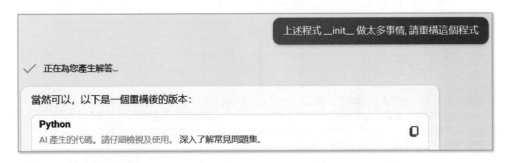

```
1  # ch16_21_bing_refactored.py
2  class Queens:
3      def __init__(self):
4          # 初始化棋盤，每一行的皇后位置初始化為 -1
5          self.queens = size * [-1]
6
7      def display(self):
8          # 打印棋盤
9          for i in range(size):
10             for j in range(size):
11                 # 如果第 i 行的皇后位置在第 j 列，則打印 'Q '
12                 if self.queens[i] == j:
13                     print('Q ', end='')
14                 else:
15                     # 否則打印 '. '
16                     print('. ',end='')
17             print()
18
19     def is_OK(self, row, col):
20         for i in range(1, row + 1):
```

```
21              # 如果有其他皇后在同一列或者同一對角線上，則返回 False
22              if (self.queens[row - i] == col
23                  or self.queens[row - i] == col - i
24                  or self.queens[row - i] == col + i):
25                  return False
26          # 否則返回 True
27          return True
28
29      def solve(self, row=0):
30          # 如果所有行都已經放置了皇后，則返回 True
31          if row == size:
32              return True
33          for col in range(size):
34              # 嘗試將第 row 行的皇后放在第 col 列
35              self.queens[row] = col
36              # 如果這種放置方式合法，並且在剩餘的行中也能合法地放置皇后，則返回 True
37              if self.is_OK(row, col) and self.solve(row + 1):
38                  return True
39          # 如果所有列都不合法，則返回 False
40          return False
41
42  # 棋盤的大小（也就是皇后的數量）
43  size = 8
44
45  # 創建 Queens 對象，並自動解決八皇后問題並打印棋盤
46  q = Queens()
47  if q.solve():
48      q.display()
49  else:
50      print("無解")
```

在這個版本中，我們將打印棋盤的邏輯從 `__init__` 方法中移出來，並將其放入一個新的 `display` 方法中。然後，在主程式中，我們先呼叫 `solve` 方法來解決八皇后問題，如果有解，再呼叫 `display` 方法來打印棋盤。這樣可以使得 `__init__` 方法更加簡單，並使得程式碼更加清晰和易於維護。希望這對你有所幫助！

16-12-3　重寫擴充程式功能

上述八皇后問題只能找到一個解，現在要求 Bing Chat 擴充此程式找出所有 12 個獨立的解，請輸入「請改寫上述程式可以找出 12 個獨立的解，同時程式要加上註解」。

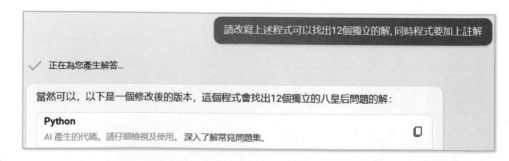

```
1   # ch16_22.py
2   class Queens:
3       def __init__(self, size):
4           # 初始化棋盤，每一行的皇后位置初始化為 -1
5           self.queens = [-1] * size
6           self.size = size
7           self.solutions = []
8
9       def is_OK(self, row, col):
10          for i in range(row):
11              # 如果有其他皇后在同一列或者同一對角線上，則返回 False
12              if (self.queens[i] == col or
13                  self.queens[i] - i == col - row or
14                  self.queens[i] + i == col + row):
15                  return False
16          # 否則返回 True
17          return True
18
19      def solve(self, row=0):
20          # 如果所有行都已經放置了皇后，則將解添加到解集中
21          if row == self.size:
22              self.solutions.append(self.queens[:])
23              return
24          for col in range(self.size):
25              # 嘗試將第 row 行的皇后放在第 col 列
26              if self.is_OK(row, col):
27                  self.queens[row] = col
28                  # 繼續尋找下一行的皇后位置
29                  self.solve(row + 1)
30
31      def display(self):
32          # 打印前12個解
33          for solution in self.solutions[:12]:
34              for row in range(self.size):
35                  for col in range(self.size):
36                      if solution[row] == col:
37                          print('Q ', end='')
38                      else:
39                          print('. ', end='')
40                  print()
41              print()
42
43  # 棋盤的大小（也就是皇后的數量）
44  size = 8
45
46  # 創建 Queens 對象，並自動解決八皇后問題並打印棋盤
47  q = Queens(size)
48  q.solve()
49  q.display()
```

執行結果 下列只列出部分結果。

```
=============================== RESTART: D:/Bing/ch16/ch16_22.py ===============================
Q . . . . . . .
. . . . Q . . .
. . . . . . . Q
. . . . . Q . .
. . Q . . . . .
. Q . . . . . .
. . . . . . Q .
. . . Q . . . .

Q . . . . . . .
. . . . . Q . .
. . . . . . . Q
. . Q . . . . .
. . . . . . Q .
. Q . . . . . .
. . . Q . . . .
. . . . Q . . .
```

在這個版本中，我們將棋盤的大小作為 `Queens` 類別的一個屬性，並在 `solve` 方法中添加了一個條件來限制解的數量。我們還添加了一個 `solutions` 屬性來儲存所有找到的解，並修改了 `display` 方法來打印前12個解。希望這對你有所幫助！

16-13　程式除錯 (Debug)

程式除錯分為語法錯誤和語意錯誤，我們也可以借助 Bing Chat 協助分析。此外，我們也可以將編譯的錯誤訊息提供給 Bing Chat，讓他分析同時提出解決的方法。

16-13-1　分析語法錯誤

有一個程式 ch16_23.py 功能是列出串列 scores[ ] 的前 5 名成績，此程式內容如下：

```
1  # ch16_23.py
2  scores = [94, 82, 60, 91, 88, 79, 61, 93, 99, 77]
3  scores.sort(reverse = True)          # 從大到小排列
4  count = 0
5  for sc in scores:
6      count += 1
7      print(sc, end=" ")
8      if count == 5                    # 取前5名成績
9          break                        # 離開for迴圈
```

下列是請求 Bing Chat 除錯此程式，請輸入「請 Debug 下列程式」。

```
請Debug下列程式
# ch16_23.py
scores = [94, 82, 60, 91, 88, 79, 61, 93, 99, 77]
scores.sort(reverse = True)        # 從大到小排列
count = 0
for sc in scores
    count += 1
    print(sc, end=" ")
    if count == 5              # 取前5名成績
        break                 # 離開for迴圈
```

您的程式碼在 `for` 迴圈的語法上有一個小錯誤。在 Python 中，`for` 迴圈後面應該要有一個冒號 (:)。以下是修正後的程式碼：

Python

AI 產生的代碼。請仔細檢視及使用。深入了解常見問題集。

```
1  # ch16_23_debug.py
2  scores = [94, 82, 60, 91, 88, 79, 61, 93, 99, 77]
3  scores.sort(reverse = True)        # 從大到小排列
4  count = 0
5  for sc in scores:                  # 加上冒號
6      count += 1
7      print(sc, end=" ")
8      if count == 5:                 # 加上冒號
9          break                      # 離開for迴圈
```

執行結果
```
=============== RESTART: D:/Bing/ch16/ch16_23_debug.py ===============
99 94 93 91 88
```

這樣就可以正確地執行程式，並列出前五名的成績了。希望這對您有所幫助！

16-13-2 分析錯誤訊息

Bing Chat 也可以從錯誤訊息分析程式，然後找出錯誤。有一個程式 ch16_24.py，功能是要輸出 0 ~ 9 的費氏數列 (Fibonacci)，內容如下：

```
1   # ch16_24.py
2   fib = []
3   n = 9
4   fib.append(0)
5   fib.append(1)
6   for i in range(2,n+1):
7       f = fib[i] + fib[i-1]
8       fib.append(f)
9   for i in range(n+1):
10      print(fib[i], end=', ')
```

執行結果

```
==================== RESTART: D:/Bing/ch16/ch16_24.py ====================
Traceback (most recent call last):
  File "D:/Bing/ch16/ch16_24.py", line 7, in <module>
    f = fib[i] + fib[i-1]
IndexError: list index out of range
```

下列是將原始程式和上述錯誤訊息給 Bing Chat 分析的過程和執行結果。

有一個程式如下
# ch16_24.py
fib = []
n = 9
fib.append(0)
fib.append(1)
for i in range(2,n+1):
    f = fib[i] + fib[i-1]
    fib.append(f)
for i in range(n+1):
    print(fib[i], end=', ')
執行時出現錯誤訊息如下, 請修正錯誤
Traceback (most recent call last):
  File "D:/Bing/ch16/ch16_24.py", line 7, in <module>
    f = fib[i] + fib[i-1]
IndexError: list index out of range

這個錯誤訊息表示您在嘗試訪問一個超出列表範圍的索引。這通常發生在您嘗試訪問一個尚未被賦值的索引。在您的程式碼中，您嘗試在 fib 列表中訪問索引 i，但在 fib 列表中還沒有這個索引。

您應該先計算新的費波納契數，然後再將其添加到列表中。以下是修正後的程式碼：

Python

AI 產生的代碼。請仔細檢視及使用。深入了解常見問題集。 　　　　　　　🗗

```
1   # ch16_24_revised.py
2   fib = []
3   n = 9
4   fib.append(0)
5   fib.append(1)
6   for i in range(2,n+1):
7       f = fib[i-1] + fib[i-2]        # 先計算新的費波納契數
8       fib.append(f)                  # 再將其添加到列表中
9   for i in range(n+1):
10      print(fib[i], end=', ')
```

執行結果

```
==================== RESTART: D:/Bing/ch16/ch16_24_revised.py ====================
0, 1, 1, 2, 3, 5, 8, 13, 21, 34,
```

> 這樣就可以正確地執行程式，並列出前十個費波納契數了。希望這對您有所幫助！

從上述可以看到，Bing Chat 不僅指出錯誤，同時用程式實例講解正確的用法。

16-13-3　分析語意錯誤

設計程式時，常會發生語意的錯誤，例如：程式實例 ch16_25.py 是要輸出 1 ~ 10 之間的偶數，結果程式語意錯，輸出奇數同時輸出了 11，如下所示：

```
1  # ch16_25.py
2  index = 0
3  while index <= 10:
4      index += 1
5      if index % 2:
6          print(index)
```

執行結果

```
==================== RESTART: D:/Bing/ch16/ch16_25.py ====================
1
3
5
7
9
11
```

下列是讓 Bing Chat 協助我們修正程式錯誤。

> 請輸入下列程式要輸出 1 - 10 之間的偶數, 可是輸出了奇數, 請修正此程式
> # ch16_25.py
> index = 0
> while index <= 10:
> 　　index += 1
> 　　if index % 2:
> 　　　　print(index)

您的程式碼中的 `if` 條件是檢查 `index` 是否為奇數，因為在 Python 中，任何非零的數都會被視為 `True`。如果 `index` 是奇數，則 `index % 2` 的結果為 1，這將被視為 `True`，因此您的程式碼會輸出奇數。

如果您想要輸出偶數，您需要檢查 `index % 2` 的結果是否為零。以下是修正後的程式碼：

Python

AI 產生的代碼。請仔細檢視及使用。深入了解常見問題集。

```
1  # ch16_25_revised.py
2  index = 0
3  while index <= 10:
4      index += 1
5      if index % 2 == 0:          # 檢查是否為偶數
6          print(index)
```

執行結果

```
=============== RESTART: D:/Bing/ch16/ch16_25_revised.py ===============
2
4
6
8
10
```

這樣就可以正確地執行程式,並列出 1 - 10 之間的偶數了。希望這對您有所幫助!

16-14　Bing Chat 的多語言能力

當下最熱門的程式語言是 Python,所以前面筆者先介紹 Python,Bing Chat 其實精通各類程式語言,同時也可以執行各語言間的轉換。

16-14-1　C 語言

下列是用 C 語言設計判斷輸入年份是否閏年。

請用 C 語言設計程式,輸入式年份,然後回應這一年是不是閏年

當然可以。以下是一個簡單的 C 語言程式,該程式會讓使用者輸入一個年份,然後判斷該年份是否為閏年:

```c
1   #include <stdio.h>
2
3   int main() {
4       int year;
5       printf("請輸入一個年份: ");
6       scanf("%d", &year);
7
8       if (year % 4 == 0) {
9           if (year % 100 == 0) {
10              // 如果年份能被 100 整除,那麼它也必須能被 400 整除才是閏年
11              if (year % 400 == 0)
12                  printf("%d 是閏年。\n", year);
13              else
14                  printf("%d 不是閏年。\n", year);
15          } else
16              printf("%d 是閏年。\n", year);
17      } else
18          printf("%d 不是閏年。\n", year);
19
20      return 0;
21  }
```

執行結果　這個程式使用了閏年的定義：在格里高利曆中，閏年是指能被 4 整除的年份，但是能被 100 整除而不能被 400 整除的年份不是閏年。希望這對您有所幫助！如果您有任何其他問題，請隨時向我提問。我很樂意幫助您！

16-14-2　C 語言轉 Python

Bing Chat 也可以執行程式語言間的轉換，請輸入「請將上述 C 程式語言轉換成 Python」。

請將上述 C 程式語言轉成Python

當然可以。以下是相同功能的 Python 程式碼：

Python
AI 產生的代碼。請仔細檢視及使用。深入了解常見問題集。

```
1  # ch16_26.py
2  year = int(input("請輸入一個年份: "))
3
4  if year % 4 == 0:
5      if year % 100 == 0:
6          if year % 400 == 0:
7              print(f"{year} 是閏年。")
8          else:
9              print(f"{year} 不是閏年。")
10     else:
11         print(f"{year} 是閏年。")
12 else:
13     print(f"{year} 不是閏年。")
```

執行結果
```
==================== RESTART: D:/Bing/ch16/ch16_26.py ====================
請輸入一個年份: 2020
2020 是閏年。
==================== RESTART: D:/Bing/ch16/ch16_26.py ====================
請輸入一個年份: 2025
2025 不是閏年。
```

這個 Python 程式碼與前面的 C 程式碼有相同的邏輯，但是使用了 Python 的語法。希望這對您有所幫助！如果您有任何其他問題，請隨時向我提問。我很樂意幫助您！

16-14-3　Python 轉 Java

Java 也曾經是資訊工程師必備的程式語言，這裡請輸入「請將上述程式轉成 Java」，Bing Chat 也可以用 Java 重新設計，判斷輸入年份是否閏年。

```java
import java.util.Scanner;

public class Main {
    public static void main(String[] args) {
        Scanner scanner = new Scanner(System.in);
        System.out.print("請輸入一個年份: ");
        int year = scanner.nextInt();

        if (year % 4 == 0) {
            if (year % 100 == 0) {
                if (year % 400 == 0) {
                    System.out.println(year + " 是閏年。");
                } else {
                    System.out.println(year + " 不是閏年。");
                }
            } else {
                System.out.println(year + " 是閏年。");
            }
        } else {
            System.out.println(year + " 不是閏年。");
        }
    }
}
```

這個 Java 程式碼與前面的 Python 和 C 程式碼有相同的邏輯，但是使用了 Java 的語法。希望這對您有所幫助！如果您有任何其他問題，請隨時向我提問。我很樂意幫助您!

16-15　網路爬蟲

我們可以讓 Bing Chat 協助設計網路爬蟲程式，請輸入「你會不會設計網路爬蟲程式」。

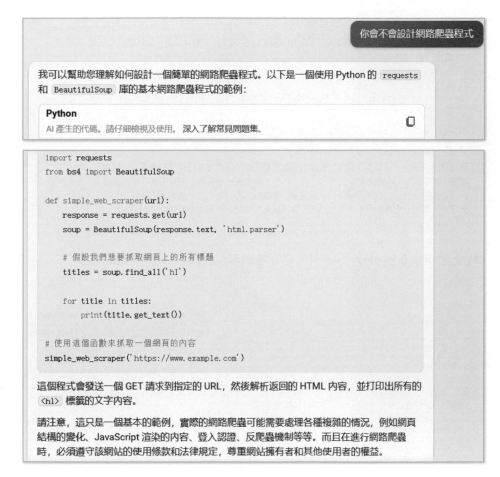

上述程式無法執行，因為網址是虛構的「https://www.example.com」。下列筆者要求 Bing Chat 用美國簡單的網頁，做實例說明，請輸入「目前美國網站有沒有很簡單的網頁，可以用上述方法爬取內容」。

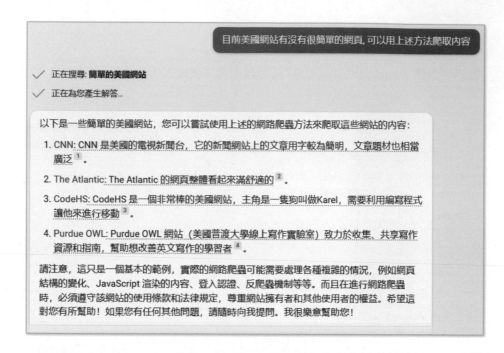

從上述可以看到 Bing Chat 可以協助我們實際測試設計網路爬蟲程式，下列是筆者要求爬取 The Atlantic 的新聞標題。

```
1  # ch16_27.py
2  import requests
3  from bs4 import BeautifulSoup
4
5  def the_atlantic_headlines_scraper():
6      url = 'https://www.theatlantic.com'
7      response = requests.get(url)
8      soup = BeautifulSoup(response.text, 'html.parser')
9
```

```
10      # 假設我們想要抓取網頁上的所有標題
11      titles = soup.find_all('h2')
12
13      for title in titles:
14          print(title.get_text())
15
16  # 使用這個函數來抓取 The Atlantic 首頁的新聞標題
17  the_atlantic_headlines_scraper()
```

執行結果

```
===================== RESTART: D:/Bing/ch16/ch16_27.py =====================
Site Navigation
Sections
The Print Edition
The Junk Is Winning
A Book That Changed How I Think
What If There's a Secret Benefit to Getting Asian Glow?
Pain Hustlers Is a Goofy Celebration of Greed
Shawn Fain's Old-Time Religion
The Sociopaths Among Us—And How to Avoid Them
The Hard Truth About Immigration
Will the Expelled People of Chagos Finally Find Justice?
A Lost Trove of Civil War Gold, an FBI Excavation, and Some Very Angry Treasure
Hunters
What Mitt Romney Saw in the Senate
Pitchers and Catchers
Pasta
```

這個程式會發送一個 GET 請求到 The Atlantic 的首頁，然後解析返回的 HTML 內容，並打印出所有的 ⟨h2⟩ 標籤的文字內容。

請注意，這只是一個基本的範例，實際的網路爬蟲可能需要處理各種複雜的情況，例如網頁結構的變化、JavaScript 渲染的內容、登入認證、反爬蟲機制等等。而且在進行網路爬蟲時，必須遵守該網站的使用條款和法律規定，尊重網站擁有者和其他使用者的權益。

希望這對您有所幫助！如果您有任何其他問題，請隨時向我提問。我很樂意幫助您！

Note

Note

Note

Note